听专家田间讲课

TUJIE
SHESHI PUTAO
ZAOSHU
ZAIPEI JISHU

图解设施葡萄
早熟栽培技术

王海波　刘凤之　主编

中国农业出版社

图书在版编目（CIP）数据

图解设施葡萄早熟栽培技术／王海波，刘凤之主编
. —北京：中国农业出版社，2017.2（2018.6重印）
（听专家田间讲课）
ISBN 978-7-109-22506-0

Ⅰ.①图… Ⅱ.①王…②刘… Ⅲ.①葡萄栽培—图解 Ⅳ.①S663.1-64

中国版本图书馆CIP数据核字（2016）第310781号

中国农业出版社出版
（北京市朝阳区麦子店街18号楼）
（邮政编码 100125）
责任编辑 黄 宇
文字编辑 浮双双

中国农业出版社印刷厂印刷 新华书店北京发行所发行
2017年2月第1版 2018年6月北京第2次印刷

开本：880 mm×1230 mm 1/32 印张：5
字数：128千字
定价：28.00元
（凡本版图书出现印刷、装订错误，请向出版社发行部调换）

作 者 简 介

王海波　1978年3月出生，山东安丘人。2000年7月毕业于山东农业大学园艺学院果树专业，获学士学位并获山东省优秀本科毕业生称号；2006年7月毕业于新疆农业大学园艺学院果树专业，获果树学硕士学位并获新疆农业大学优秀毕业生称号；2006年9月到中国农业科学院果树研究所从事果树栽培技术研究工作，现任中国农业科学院果树研究所果树应用技术研究中心副主任（主持工作），副研究员，葡萄课题组副组长，果树研究所科研第二党支部书记。参加工作以来在中国农业科学院果树研究所栽培研究室主要从事葡萄栽培与生理的科研与技术推广工作，为国家葡萄产业技术体系栽培研究室东北区栽培岗位研发团队骨干成员和中国农业科学院创新工程浆果类果树栽培与生理科研团队首席业务助理，主要研究方向为葡萄栽培与生理和果园机械化生产。主要工作业绩为经多年研究建立了完善的设施葡萄栽培理论与技术研究体系，在栽培设施设计、品种选择、高光效省力化树形和叶幕形、休眠调控、肥水高效利用和葡萄无土栽培、品质调控与功能果品生产、连年丰产等方面取得了开创性成果，其中葡萄无土栽培为世界首创，同时研出出葡萄埋藤防寒机和设施园艺简易放风装置等果园系列机械设备14台套和氨基酸水溶性果树叶面肥等新产品2项。先后主持或参加国家、省（部）或地方科研课题16项，"果园（葡萄）小型实用新型机械设备的研发与应用"科技成果于2013年12月20日通过农业部科教司组织的成果鉴定，一致认为该成果达国际先进水平，参与育成葡萄新品种——华葡1号和桃新品种——中农寒桃1号，主编或参编《设施葡萄促早栽培实用技术手册》和《葡萄生产配套实用技术手册》等科技著作6部，获得国家发明专利4项，实用新型专利16项，申请国家发明专利4项，实用新型专利2项，其中"含硒、锌或钙的果品叶面肥"和"一种生物发酵氨基酸葡萄叶面肥"以100万元转让给北京禾盛绿源科贸有限公司。在《中国农业科学》《应用生态学报》《园艺学报》《果树学报》和《中国果树》等核心期刊上发表论文90多篇。个人先后被授予中国农业科学院优秀共产党员、中国农业科学院十佳青年和辽宁省葫芦岛市劳动模范等荣誉称号，所在团队被授予中国农业科学院青年文明号荣誉称号，所在党支部被授予2013年度中国农业科学院先进党支部荣誉称号。

刘凤之　1963年7月出生，山东茌平人。1984年7月毕业于南京农业大学园艺系果树专业，现任中国农业科学院果树研究所所长，二级研究员，硕士研究生导师，兼任第十一届全国政协委员，中国园艺学会常务理事，果树专业委员会主任，农业部果树专家技术指导组副组长，中国农学会葡萄分会副会长，中国农业科学院第五、六届学术委员会委员，中国农业科学院果树栽培与生理学科三级岗位杰出人才，国家葡萄产业技术体系栽培研究室主任，中国农业科学院创新工程浆果类果树栽培与生理科研团队首席。多年从事果树栽培与生理的科研与成果转化工作，曾先后主持国家、省（部）、市科研课题20多项。1991年获农业部科技进步三

等奖一项，2007年获中国农业科学院科技进步一等奖和辽宁省葫芦岛市级科技进步一等奖各一项，2008年获北京市科技进步一等奖，2009年获国家科技进步二等奖和辽宁省科技进步三等奖各一项，2010年获中国农业科学院科技进步一等奖一项，主编《葡萄优质高效栽培》和《设施葡萄促早栽培实用技术手册》等科技著作10部，获得国家发明专利4项，实用新型专利16项，申请国家发明专利4项，实用新型专利2项，研发出葡萄埋藤防寒机和设施园艺简易放风装置等果园系列机械设备14台套和氨基酸水溶性果树叶面肥等新产品2项，主持制订农业部行业标准2项，在《应用生态学报》《果树学报》《中外葡萄与葡萄酒》等核心期刊上共发表论文100多篇，育成葡萄新品种——华葡1号和桃新品种——中农寒桃1号，2003年和2006年分别获全国农业科技普及先进个人和科技部科技星火计划项目实施先进个人等多项荣誉称号。

编著人员

主　编　王海波　刘凤之

副主编　王孝娣　史祥宾

参　编（按姓名笔画排序）

王志强　王宝亮　王春海　刘万春

何锦兴　郑晓翠　郝志强　施恢刚

冀晓昊　魏长存

出版说明

　　保障国家粮食安全和实现农业现代化，最终还是要靠农民掌握科学技术的能力和水平。为了提高我国农民的科技水平和生产技能，向农民讲解最基本、最实用、最可操作、最适合农民文化程度、最易于农民掌握的种植业科学知识和技术方法，解决农民在生产中遇到的技术难题，中国农业出版社编辑出版了这套"听专家田间讲课"丛书。

　　把课堂从教室搬到田间，不是我们的最终目的，我们只是想架起专家与农民之间知识和技术传播的桥梁；也许明天会有越来越多的我们的读者走进校园，在教室里聆听教授讲课，接受更系统、更专业的农业生产知识与技术，但是"田间课堂"所讲授的内容，可能会给读者留下些许有用的启示。因为，她更像是一张张贴在村口和地头的明白纸，让你一看就懂，一学就会。

　　本套丛书选取粮食作物、经济作物、蔬菜和果树等作物种类，一本书讲解一种作物或一种技能。作者站在生产者的角度，结合自己教学、培训和技术推广的实践

经验，一方面针对农业生产的现实意义介绍高产栽培方法和标准化生产技术，另一方面考虑到农民种田收入不高的实际问题，提出提高生产效益的有效方法。同时，为了便于读者阅读和掌握书中讲解的内容，我们采取了两种出版形式，一种是图文对照的彩图版图书，另一种是以文字为主、插图为辅的袖珍版口袋书，力求满足从事农业生产和一线技术推广的广大从业者多方面的需求。

期待更多的农民朋友走进我们的田间课堂。

2016年6月

前言

　　葡萄设施栽培作为露地自然栽培的特殊形式，是指在不适宜葡萄生长发育的季节或地区，在充分利用自然环境条件的基础上，利用温室、塑料大棚和避雨棚等保护设施，改善或控制设施内的环境因子，为葡萄的生长发育提供适宜的环境条件，进而达到葡萄生产目标的一种栽培模式，是一种高度集约化，资金、劳力和技术高度密集的农业高效产业。葡萄设施栽培为其中的葡萄创造了适宜可控的小区环境，这些人为创造的环境条件对葡萄的生长发育产生全面而深刻的影响，因此，设施葡萄生产技术在很大程度上区别于露地自然栽培。

　　中国农业科学院果树研究所作为国家葡萄产业技术体系栽培研究室建设依托单位，在中国农业科学院创新工程（CAAS-ASTIP-2015-RIP-04）、国家葡萄产业技术体系建设专项资金（CARS-30-zp-1）、农业部"948"重点项目"鲜食葡萄新品种及设施化生产技术引进与创新应用（2011-G28）"、国家"十一五"科技支撑项目"资源高效利用型设施葡萄安全生产关键技术研究与示范（2006BAD07B06）"和"浆果类果树优质高效生产关键技术研究与示范（2014BAD16B05）"、国家公益性行业（农业）科研专项经费项目"优势产区优质葡萄发展方案及现代栽培与技术研究（nyhyzx07-027）"、国家自然科学基金"基于能值理论的我国北方地区葡萄设施栽培可持续性评价（41101573）"、国家外专局项目"国外葡萄优新品种示范基地建设及推广（Y20130326001）"、辽宁省农业科技创新团队岗位、中国农业科学院基本科研业务费项目"浆果类品种资源引进、筛选和关键技术研究（0032007217）"、中国农业科学院作物科学研究所中央级公益性科研院所基本科研业务费专项"优异果树资源收集与鉴定评价"及葫芦岛科技攻关重大专项"葡萄优质高效生产技术体系的创建与示范"和"设施葡萄适宜品种的评价、选育与示范推广"及"富硒果品生产关键技术的研究与示范"等国家、省部和地方课题的资助下经过多年科研攻关，建立了设施葡萄的"节本、优质、高效、生态、安全"生产技术体系，为确保设施葡萄生产的成功奠定了理论基础，提供了技术保障，有力地推动了我国设施葡萄的健康可持续发展。

根据栽培目的不同，设施葡萄生产分为促早栽培、延迟栽培和避雨栽培三种类型，其中促早栽培是指利用塑料薄膜等透明覆盖材料的增温效果，保温被等保温覆盖材料的保温效果，辅以温、湿度控制，创造葡萄生长发育的适宜条件，使其比露地栽培提早萌芽，果实提早成熟，实现淡季供应，提高葡萄经济效益的一种栽培类型。根据催芽开始期和所采用设施的不同，通常将促早栽培分为冬促早栽培、春促早栽培和利用二次结果特性的秋促早栽培三种栽培模式。冬促早栽培常利用日光温室作为栽培设施，根据各地气候条件和日光温室的保温能力确定是否需要进行加温；根据不同葡萄品种的需冷量及日光温室的保温和加温能力确定升温催芽的起始时间，通常冬促早栽培升温催芽的起始时间在当地露地葡萄萌芽前90～130天。春促早栽培常用塑料大棚作为栽培设施，由于该栽培方式保温能力差，所以开始升温催芽的时间比冬促早栽培延后，一般延后30～60天。秋促早栽培模式是指利用葡萄可以一年多次结果的特性，通过栽培措施，促使葡萄主梢或者夏芽副梢的冬芽提前萌发并形成花序，使果实成熟期提前到当年12月至翌年2月的栽培方式。

本书介绍了设施选择与建造、品种选择、高标准建园、合理整形与简化修剪、肥水高效利用、休眠调控、环境调控、花果管理、更新修剪和病虫害综合防治等关键技术。

本书技术实用、操作性强。采用彩色图版形式，辅以文字说明，更加一目了然，便于广大读者学习。

编　者

目 录

出版说明

前言

一、设施选择与建造

（一）设施选择

栽培设施的选择首先需要考虑栽培的目的，其次还要考虑种植者的经济水平和当地气候条件等因素。目前，我国设施葡萄常用的栽培设施主要有日光温室和塑料大棚（图1）。

冬促早栽培宜采用日光温室作为栽培设施；春促早栽培宜采用塑料大棚作为栽培设施；秋促早栽培宜采用日光温室（提前到春节期间成熟）和塑料大棚（提前到11月成熟）作为栽培设施。日光温室保温能力最强，适于进行葡萄的冬季生产，但建筑成本较高，一般情况下实际栽培面积亩*造价为8万～20万元，但经济效益最高，一般亩年收入可达4万～10万元，适于经济条件较好的种植者。塑料大棚保温能力差，只适于进行葡萄的春季或深秋生产，但建筑成本低，一般情况下实际栽培面积亩造价为1万～4万元，但经济效益略低，一般亩年收入可达1万～3万元，适于经济条件一般的种植者。

---

* 亩为非法定计量单位，1亩≈667米^2。——编者注

钢骨架日光温室

钢与竹木混合骨架日光温室

菱镁土骨架日光温室

玻璃纤维骨架日光温室

竹木骨架日光温室

阴阳棚结构日光温室

改良型塑料大棚　　　　　　　　钢骨架塑料大棚

混合骨架塑料大棚　　　　　　　竹木骨架塑料大棚

图1　各种类型的栽培设施

（二）设施建造

1. **采光参数**　建造方位、高度、跨度、采光屋面角、采光屋面形状、后坡仰角和后坡水平投影长度及日光温室间距等是日光温室建造时重要的采光参数；而塑料大棚建造时的采光参数主要包括建造方位和大棚高度等（图2）。

（1）栽培设施建造方位

①日光温室建造方位。以东西延长、坐北朝南，南偏东或南偏西最大不超过10°为宜，且不宜与冬季盛行风向垂直。

建造方位偏东或偏西要根据当地气候条件和温室的主要生产

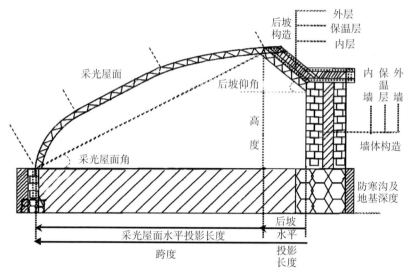

图2 中国农业科学院果树研究所节能日光温室结构示意

季节确定。一般说来,利用严冬季节进行生产的温室,如当地早晨晴天多,少雾且气温不太低,可充分利用上午阳光,建造方位南偏东,可提早0~40分钟接收到太阳的直射光,对葡萄的光合作用有利,如北纬40°以南,早晨外界气温不是很低的地区如山东、河北南部和南疆等地区,日光温室建造方位可采用南偏东朝向,但若沿海或离水面近的地区,虽然温度不是很低,但清晨多雾,光照不好,需采取正南或南偏西朝向。但是高纬度地区冬季早晨外界气温很低,提早揭开草苫,温室内温度下降较大,所以北纬40°以北地区如河北北部、辽宁和北疆等地以及西藏等高原地区,为保温而揭苫时间晚,日光温室建造方位南偏西,有利于延长午后的光照蓄热时间,为夜间储备更多的热量,利于提高日光温室的夜间温度。

②塑料大棚建造方位。以东西方向、南北延长,大棚长边与真北线(子午线)平行为好。若利用罗盘仪确定建造方位,需进行矫正,这是因为罗盘仪所指的正南是磁南而不是真南,真子午

线（真南）与磁子午线（磁南）之间存在磁偏角。利用标杆法确定建造方位，简单易行，准确度高。具体操作是：在地面将标杆垂直立好，接近中午时，观测标杆的投影，最短的投影方向为真南方向，把投影延长，就是真南真北延长线；再用"勾股法"做真子午线的垂直线，便是真东西方向线。

（2）栽培设施高度　在日光温室和塑料大棚内，光照度随高度变化明显。以棚膜为光源点，高度每下降1米，光照度减少10%～20%。空气湿度越大，光照度衰减越快。因此，栽培设施不是越高越好，日光温室一般以2.8～4.0米为宜，而塑料大棚一般以2.5～3.5米为宜。

（3）栽培设施跨度

①温室跨度。等于温室采光屋面水平投影与后坡水平投影之和，影响着温室的光能截获量和土地利用率，跨度越大截获的太阳直射光越多，但温室跨度过大温室保温性能下降且造价显著增加。

实践表明：在使用传统建筑材料、透明覆盖材料并采用草苫保温的条件下，在暖温带的大部分地区（山东、山西南部、陕西、江苏、安徽北部、河南、河北、北京、天津和新疆南部等）建造日光温室，其跨度以8米左右为宜；暖温带的北部地区和中温带南部地区（辽宁大部、内蒙古南部、甘肃、宁夏、山西北部、新疆中部和东部等），跨度以7米左右为宜；在中温带北部地区和寒温带地区（辽宁北部、吉林、新疆北部、黑龙江和内蒙古北部等）跨度以6米左右为宜。

②塑料大棚跨度。塑料大棚跨度和其高度有关，一般地区高跨比（高度／跨度）以0.25～0.30最为适宜，因此其跨度一般以8～12米为宜。

（4）栽培设施长度　从便于管理且降低温室单位土地建筑成本和提高空间利用率方面考虑，日光温室长度一般以60～100米为宜；而塑料大棚主要从牢固性方面考虑，其长跨比（长度／跨度）以不小于5为宜，长度一般以40～80米为宜。

（5）栽培设施采光屋面角　日光温室采光屋面角根据合理采光时段理论确定，即要求日光温室在冬至前后每日要保持4小时以上的合理采光时间（表1），即在当地冬至前后，保证上午10时至下午2时（地方时）太阳对日光温室采光屋面的投射角均要大于50°（太阳对日光温室采光屋面的入射角小于40°）。

表1　不同纬度地区的合理采光时段屋面角 α

北纬	h_{10}	α	北纬	h_{10}	α	北纬	h_{10}	α
30°	29.23°	23.65°	36°	24.09°	29.29°	42°	18.87°	34.89°
31°	28.38°	24.59°	37°	23.22°	30.23°	43°	17.99°	35.82°
32°	27.53°	25.53°	38°	22.35°	31.17°	44°	17.12°	36.74°
33°	26.67°	26.47°	39°	21.49°	32.10°	45°	16.24°	37.67°
34°	25.81°	27.42°	40°	20.61°	33.04°	46°	15.36°	38.58°
35°	24.95°	28.36°	41°	19.74°	33.97°	47°	14.48°	39.49°

我国的东北和西北地区冬季光照良好，日照率高，因此日光温室的采光屋面角可在合理采光时段屋面角的基础上下调3°～6°。

塑料大棚因为建造方位为南北延长，所以不存在合理采光屋面角确定的问题。

（6）栽培设施采光屋面形状

①日光温室采光屋面形状。与温室采光性能密切相关。当温室的跨度和高度确定后，温室采光屋面形状就成为温室截获日光能量多少的决定性因素，中国农业科学院果树研究所研发的"两弧一切线"的三段式曲直形（图3）采

图3　"两弧一直线"三段式曲直形采光屋面

光屋面的采光效果显著优于平面形、椭圆拱形和圆拱形屋面。

②塑料大棚采光屋面形状。与日光温室不同，塑料大棚采光屋面形状与大棚采光好坏关系不大，但与大棚稳定性密切相关。以流线形采光屋面的塑料大棚稳定性最佳，但两侧太低影响农事操作，因此对流线形采光屋面进行适当调整，得到三圆复合拱形流线形采光屋面，放样图如下（图4）：

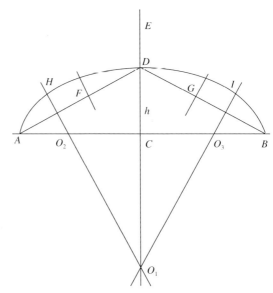

图4 三圆复合拱形流线形采光屋面放样图

a. 首先确定跨度 L（米），然后设定高跨比，一般取高跨比 $h / L = 0.25 \sim 0.30$。

b. 绘水平线和它的垂线，两者交于 C 点，点 C 是大棚跨度的中心点。

c. 将跨度 L 的两个端点对称于中点 C，定位在水平线上。

d. 确定高 h（$h=0.25L$），将长度由 C 点向上伸延到 D 点（$CD=h$）。

e. 以 C 为圆点，以 AC 长为半径画圆交垂直轴线于 E 点。

f. 连接 AD 和 BD 形成两条辅助线，再以 D 为圆心，以 DE 长为半径画圆，与辅助线相交于 F 和 G 点。

g. 过 AF 和 GB 线的中点分别做垂线交 EC 延长线于 O_1 点；同时与 AB 线相交于 O_2 和 O_3。

h. 以 O_1 为圆心，以 O_1D 为半径画弧线，分别交于 O_1O_2 和 O_1O_3 延长线的 H、I 点。

i.分别以 O_2、O_3 为圆心，以 O_2A 和 O_3B 长为半径画弧，分别与 H、I 点相交得到大棚基本圆拱形 AHDIB。

（7）栽培设施后坡仰角　后坡仰角是指日光温室后坡面与水平面的夹角，其大小对日光温室的采光性能有一定影响。后坡仰角大小应视日光温室的使用季节而定，在冬季生产时，尽可能使太阳直射光能照到日光温室后坡面内侧；在夏季生产时，则应避免太阳直射光照到后坡面内侧。对后坡仰角中国农业科学院果树研究所将以前的短后坡小仰角进行了调整，调整为长后坡高仰角，后坡仰角以大于当地冬至正午太阳高度角15°～20°为宜，可以保证10月上旬至翌年3月上旬之间正午前后后墙甚至后坡接受直射阳光，受光蓄热，大大改善了温室后部光照（表2）。

表2　不同纬度地区的合理后坡仰角

北纬	h_{12}	α	北纬	h_{12}	α	北纬	h_{12}	α
30°	36.5°	51.5°～56.5°	36°	30.5°	45.5°～50.5°	42°	24.5°	39.5°～44.5°
31°	35.5°	50.5°～55.5°	37°	29.5°	44.5°～49.5°	43°	23.5°	38.5°～43.5°
32°	34.5°	49.5°～54.5°	38°	28.5°	43.5°～48.5°	44°	22.5°	37.5°～42.5°
33°	33.5°	48.5°～53.5°	39°	27.5°	42.5°～47.5°	45°	21.5°	36.5°～41.5°
34°	32.5°	47.5°～52.5°	40°	26.5°	41.5°～46.5°	46°	20.5°	35.5°～40.5°
35°	31.5°	46.5°～51.5°	41°	25.5°	40.5°～45.5°	47°	19.5°	34.5°～39.5°

注：h_{12} 为冬至正午时刻的太阳高度角，α 为合理后坡仰角。

（8）栽培设施后坡水平投影长度　日光温室后坡长短直接影响日光温室的保温性能及其内部的光照情况。当日光温室后坡长时，日光温室的保温性能提高，但这样当太阳高度角较大时，就会出现温室后坡遮光现象，使日光温室北部出现大面积阴影；而且日光温室后坡长，其前屋面的采光面将减小，造成日光温室内部白天升温过慢。反之，当日光温室后坡面短时，日光温室内部采光较好，但保温性能却相应降低，形成日光温室白天升温快，夜间降温也快的情况。实践表明：日光温室的后坡水平投影长度一般以1.0 ~ 1.5米为宜。

（9）栽培设施间距

①日光温室间距。日光温室间距的确定根据如下原则：保证后排温室在冬至前后每日能有6小时以上的光照时间，即在上午9时至下午3时（地方时），前排温室不对后排温室构成遮光（表3）。

表3　不同纬度地区的合理日光温室间距（米）

北纬	温室间距	北纬	温室间距	北纬	温室间距
30°	4.9 ~ 6.7	36°	6.7 ~ 9.0	42°	9.7 ~ 12.9
31°	5.1 ~ 7.0	37°	7.1 ~ 9.5	43°	10.5 ~ 13.9
32°	5.4 ~ 7.3	38°	7.5 ~ 10.0	44°	11.3 ~ 15.0
33°	5.7 ~ 7.7	39°	8.0 ~ 10.7	45°	11.8 ~ 15.7
34°	6.0 ~ 8.1	40°	8.5 ~ 11.3	46°	12.9 ~ 17.2
35°	6.3 ~ 8.5	41°	9.1 ~ 12.1	47°	14.2 ~ 18.9

②塑料大棚间距。一般东西以3米为宜，便于通风透光，但对于冬春雪大的地区至少4米以上；南北间距以5米左右为宜。

（10）透明覆盖材料（塑料薄膜）

①聚乙烯（PE）棚膜。具有密度小、吸尘少、无增塑剂渗出、无毒、透光率高等优点，是我国当前主要的棚膜品种。其缺点是：保温性差，使用寿命短，不易粘接，不耐高温日晒（高温软化温度为50℃）。

a. PE普通棚膜。它是在聚乙烯树脂中不添加任何助剂所生产的膜。最大缺点是使用年限短，一般使用期为4 ~ 6个月。

b. PE防老化（长寿）膜。在PE树脂中按一定比例加入防老化助剂（如紫外线吸收剂、抗氧化剂等）吹塑成膜，可克服PE普通膜不耐高温日晒、不耐老化的缺点，目前我国生产的PE防老化棚膜可连续使用12 ~ 24个月，是目前设施栽培中使用较多的棚膜品种。

c. PE耐老化无滴膜（双防膜）。是在PE树脂中既加入防老化助剂（如紫外线吸收剂、抗氧化剂等），又加入流滴助剂（表面活性剂）等功能助剂吹塑成膜。该膜不仅使用时间长，而且可使露滴在膜面上失去亲水作用性，水珠向下滑动，从而增加透光性，是目前性能安全、适应性较广的棚膜品种。

d. PE保温膜。在PE树脂中加入保温助剂（如远红外线阻隔剂）吹塑成膜，能阻止设施内的远红外线（地面辐射）向大气中的长波辐射，从而把设施内吸收的热能阻挡在设施内，可提高保温效果1～2℃，在寒冷地区应用效果好。

e. PE多功能复合膜。是在PE树脂中加入防老化助剂、保温助剂、流滴助剂等多种功能性助剂吹塑成膜，目前我国生产的该膜可连续使用12～18个月，具有无滴、保温、使用寿命长等多种功能，是设施冬春栽培理想的棚膜。

f. 漫反射棚膜。即PE树脂中掺入调光物质（漫反射晶核），使直射的太阳光进入棚膜后形成均匀的散射光，使作物光照均匀，促进光合作用；同时减少设施内的温差，使作物生长一致。

②聚氯乙烯（PVC）棚膜。它是在聚氯乙烯树脂中加入适量的增塑剂（增加柔性）压延成膜。其特点是透光性好，阻隔远红外线，保温性强，柔软易造型，好粘接，耐高温日晒（高温软化温度为100℃），耐候性好（一般可连续使用1年左右）。其缺点是随着使用时间的延长增塑剂析出，吸尘严重，影响透光；密度大，一定质量棚膜覆盖面积较聚乙烯棚膜减少24%，成本高；不耐低温（低温脆化温度为–50℃），残膜不能燃烧处理，因为会有有毒氯气产生。可用于夜间保温性要求较高的地区。

a. PVC普通膜。不加任何助剂吹塑成膜，使用期仅6～12个月。

b. PVC防老化膜。在PVC树脂中按一定比例加入防老化助剂（如紫外线吸收剂、抗氧化剂等）吹塑成膜，可克服PVC普通膜不耐高温日晒、不耐老化的缺点，目前我国生产的PVC防老化膜可连续使用12～24个月，是目前设施栽培中使用较多的棚膜品种。

c. PVC耐老化无滴膜（双防膜）。是在PVC树脂中既加入防老化助剂（如紫外线吸收剂、抗氧化剂等），又加入流滴助剂（表面活性剂）等功能助剂吹塑成膜。该膜不仅使用时间长，而且可使露滴在膜面上失去亲水作用性，水珠向下滑动，从而增加透光性。该膜的其他性能和PVC普通膜相似，比较适宜冬季和早春自然光线弱、气温低的地区。

d. PVC耐候无滴防尘膜。在PVC树脂中加入防老化助剂、保温助剂、流滴助剂等多种功能性助剂吹塑成膜。经处理的薄膜外表面，助剂析出减少，吸尘较轻，提高了透光率，同时还具有耐老化、无滴性的优点，对冬春茬生产有利。

③乙烯-醋酸乙烯共聚物（EVA）棚膜。一般使用厚度为0.10～0.12毫米，在EVA中，由于醋酸乙烯单体（VA）的引入，使EVA具有独特的特性：树脂的结晶性降低，使薄膜具有良好的透明性；具有弱极性，使膜与防雾滴剂有良好的相容性，从而使薄膜保持较长的无滴持效期；EVA膜对远红外线的阻隔性介于PVC和PE之间，因此保温性能为PVC＞EVA＞PE；EVA膜耐低温、耐冲击，因而不易裂开；EVA膜黏接性、透光性、爽滑性等都强于PE膜。综合上述特点，EVA膜适用于冬季温度较低的高寒山区。

④PO农膜。PO系特殊农膜是以PE、EVA树脂为基础原料，加入保温强化助剂、防雾助剂、抗老化助剂等多种助剂，通过2～3层共挤工艺生产的多层复合功能膜，克服了PE、EVA树脂的缺点，使其具有较高的保温性；具有高透光性，且不沾灰尘，透光率下降慢；耐低温；燃烧不产生有害气体，安全性好；使用寿命长，可达3～5年。缺点有：延伸性小，不耐磨，形变后复原性差。

⑤氟素农膜。氟素农膜是以乙烯与氟素乙烯聚合物为基质制成，是一种新型覆盖材料。主要特点有：超耐候性，使用期可达10年以上；超透光性，透光率在90％以上，并且连续使用10～15年，不变色、不污染，透光率仍在90％；抗静电力极强，超防尘；耐高低温性强；可在−180～100℃温度范围内安全使用，在高温

强日下与金属部件接触部位不变性，在严寒冬季不硬化、不脆裂。氟素膜最大缺点是不能燃烧处理，用后必须由厂家收回再生利用；另一方面是价格昂贵。该膜在日本大面积使用，在欧美国家应用面积也很大。

2. 保温参数

（1）墙体（图5）

①三层异质复合结构墙体。内层为承重和蓄热放热层，一般为蓄热系数大的砖石结构，厚度24～37厘米，并用黑色外墙漆喷涂，为增加受热面积，可采用穹形或蜂窝构造；中间为保温层，一般为5～20厘米厚的保温苯板；外层为承重层或保护层，一般为厚度12～24厘米的砖结构。

②两层异质复合结构墙体。内层为承重和蓄热放热层，一般为砖石结构，厚度24厘米以上，并用黑色外墙漆喷涂，为增加受

三层异质复合结构墙体

两层异质复合结构墙体

单层结构墙体

穹形墙体

蜂窝墙体　　　　　　　　　　　黑色墙体

图5　栽培设施的墙体

热面积，可采用穹形或蜂窝构造；外层为保温层，一般为堆土结构，堆土厚度最窄处以当地冻土层厚度加20～40厘米为宜。

③单层结构墙体。墙体为土壤堆积而成，墙体最窄处厚度以当地冻土层厚度加60～80厘米为宜。

（2）后坡（图6）

①三层异质复合结构后坡。内层为承重和蓄热放热层，一般为水泥构件或现浇混凝土构造，厚度5～10厘米，并用黑色外墙漆喷涂；中间为保温层，一般为5～20厘米厚的保温苯板；外层为防水（保护）层，一般为水泥砂浆构造并做防水处理，厚度5厘米左右。

②两层异质复合结构后坡。内层为承重和蓄热放热层，一般为水泥构件或混凝土构造，厚度5～10厘米，并用黑色外墙漆喷涂；外层为保温层，一般为秸秆、草苫、芦苇等，厚度0.5～0.8米，秸秆（或草苫、芦苇）外面用塑料薄膜包裹，再用草泥护坡。

③单层结构后坡。后坡为秸秆、杂草或草苫、芦苇等堆积而成，厚度0.8～1.0米，以塑料薄膜包裹，外层用草泥护坡。

三层或两层异质复合结构后坡　　　　　单层结构后坡

单层结构后坡内层芦苇板　　　　　单层结构后坡中间麦秸层

单层结构后坡中间塑料薄膜保护　　　　单层结构后坡外层草泥护坡

图6　栽培设施的后坡

（3）保温覆盖材料　保温覆盖材料铺设在日光温室的采光屋面或塑料大棚的全屋面的塑料薄膜上方，主要用于日光温室或塑

料大棚的夜间保温，所以具有良好的保温性能是对保温覆盖材料
的首要要求。其次，保温覆盖材料要求卷放，因而对应的保温系
统也是一种活动式卷放系统，所以，要求保温覆盖材料必须为柔
性材料。再次，保温覆盖材料安装后将始终处于室外露天条件下
工作，为此，要求其能够防风、防水、耐老化，以适应日常的风、
雨、雪、雹等自然气候条件。最后，保温覆盖材料还应有广泛的
材料来源，低廉的制造加工成本和市场售价（图7）。

草苫　　　　　　　　　　　泡沫保温被

中国农业科学院果树研究所研发的新型保温被

图7　栽培设施的保温覆盖材料

　　①草苫。草苫是用稻草、蒲草或芦苇等材料编织而成。草苫
（帘）一般宽1.2～2.5米，长为采光面之长再加上1.5～2.0米，

厚度为4～7厘米。盖草苫一般可增温4～7℃，但实际保温效果与草苫的厚度、材料有关，蒲草和芦苇的增温效果相对较好一些，制作草苫简单方便，成本低，是当前设施栽培覆盖保温的首选材料，一般可使用3～4年。但草苫等保温覆盖材料笨重，卷放费工、费力，被雨雪浸湿后，既增加了质量，又使保温性能下降，而且对薄膜污染严重，容易降低透光率。

②纸被。在寒冷地区或季节，为了弥补草苫保温能力的不足，进一步提高保温防寒效果，可在草苫下边增盖纸被。纸被系由4层旧水泥袋或6层牛皮纸缝制成和草苫大小相同的覆盖材料。纸被可弥补草苫缝隙，保温性能好，一般可增温5～8℃，但冬春季多雨雪地区，易受雨淋而损坏，应在其外部包一层薄膜可达防雨的目的。

③保温被。一般由3～5层不同材料组成，外层为防护防水层（塑料膜或经过防水处理的帆布、牛津布和涤纶布等），中间为保温层（主要为旧棉絮、纤维棉、废羊毛绒、工业毛毡、聚乙烯发泡材料等），内层为防护层（一般为无纺布或牛津布等），为进一步提高保温被的保温效果，还可在保温被内侧粘贴铝箔反光膜用以阻挡设施内的远红外长波辐射。其特点是质量轻、蓄热保温性高于草苫和纸被，一般可增温6～8℃，在高寒地区可达10℃，但造价较高。如保管好可使用5～6年。

保温被由于中间保温芯所采用材料不同，产品的保温性能差异较大。同时缝制保温被时的针眼是否进行防水处理也严重影响保温被的保温性能。如果保温被针眼处渗水，在遇到下雨或下雪天后，雨水很容易进入保温被的保温芯，使保温芯受潮降低其保温性能，而且由于缝制保温被的针眼较小，所以，进入保温芯的水汽很难再通过针眼排出，而保护保温芯的材料又是比较密实的防水材料，因此，长期使用后保温被将会由于内部受潮而失去保温性能，或者内部受潮发霉，完全失去其使用功能。

a.针刺毡保温被。中间保温芯材料为针刺毡，采用缝合方法制成。针刺毡是用旧碎线（布）等材料经一定处理后重新压制而成的，造价低，防风性能和保温性能好，但防水性较差。但如果用上牛津防雨布，就可以做成防雨的保温被。另外，在保温被收放保存之前，需要大的场地晾晒，只有晾干后才能保存。

b.塑料薄膜保温被。采用蜂窝塑料薄膜、无纺布和化纤布缝合制成。它具有质量轻、保温性能好的优点，适于机械卷放。它的缺点是里面的蜂窝塑料薄膜和无纺布经机械卷放碾压后容易破碎。

c.腈纶棉保温被。采用腈纶棉或太空棉等作中间保温芯的主要材料，用无纺布做面料，采用缝合方法制成。在保温性能上可满足要求，但其结实耐用性差。无纺布几经机械卷放碾压，会很快破损。另外，因它是采用缝合方法制成，下雨（雪）时，水会从针眼渗到里面。

d.棉毡保温被。以棉毡作为防寒的主要材料，两面覆上防水牛皮纸，保温性能与针刺毡保温被相似。由于牛皮纸价格低廉，所以这种保温被价格相对较低，但其使用寿命较短。

e.泡沫保温被。采用微孔泡沫做防寒材料，上下两面采用化纤布做面料。主料具有质轻、柔软、保温、防水、耐化学腐蚀和耐老化的特性，经加工处理后的保温被不仅保温性持久，且防水性极好，容易保存，具有较好的耐久性。它的缺点是自身质量太轻，需要解决好防风问题，同时经机械卷放碾压很快变薄，保温效果急剧下降。

f.防火保温被。在中间保温芯的上下两面分别黏合了防火布和铝箔构成，具有良好的防水防火保温性、抗拉性、可机械化传动操作、省工省力、使用周期长。

g.羊毛保温被。中间保温芯材料为羊毛绒，具有质轻、防水、防老化、保温隔热等功能，使用寿命更长，保温效果最好。羊毛沥水，有着良好的自然卷曲度，能长久保持蓬松，其保温性好，但价格较高。

h.新型保温被。根据日光温室与塑料大棚棚面热量散失的特点，中国农业科学院果树研究所研发出新型保温被并获得国家专利，该保温被由6层组成，其中中间层为保温芯（材料根据各地情况可选择针刺毡、腈纶棉或太空棉、微孔泡沫或羊毛绒等），紧贴中间层的上下两层为抗拉无纺布（防止中间保温芯变形），抗拉无纺布上层为牛津布防护层，抗拉无纺布下层为反光铝箔（或镀铝牛津布），最外层为活动防水膜（保温被覆盖在日光温室上时活动防水膜套到保温被的最外层起防水作用；当保温被从日光温室撤下保存时将活动防水膜先撤下存放，而保温被等晒干后再保存，防止保温被受潮腐烂。

（4）防寒沟　在温室或塑料大棚的四周设置防寒沟，对于减少温室或塑料大棚内热量通过土壤外传，阻止外面冻土对温室或塑料大棚内土壤的影响，保持温室或塑料大棚内较高的地温，以保证温室或塑料大棚内边行葡萄植株的良好生长发育特别重要。据中国农业科学院果树研究所测定：在辽宁兴城，设置防寒沟的日光温室2月日平均5～25厘米地温比未设置防寒沟的日光温室高4.9～6.7℃。防寒沟要求设置在温室四周0.5米内为宜，以紧贴墙体基础为佳。防寒沟如果填充保温苯板厚度以5～10厘米为宜，如果填充秸秆、杂草厚度以20～40厘米为宜；防寒沟深度以大于当地冻土层深度20～30厘米为宜（图8）。

图8　防寒沟

（5）地面高度　建造半地下式温室即温室内地面低于温室外地面可显著提高温室内的气温和地温，与室外地面相比，一般宜将温室内地面降低0.5米左右为宜。需要注意的是半地下式温室排水是关键问题，因此夏季需揭棚的葡萄品种如果在夏季雨水多的地区栽培不宜建造半地下式温室（图9）。

3. 其他

（1）进出口与缓冲间 温室进出口一般设置在东山墙上，和缓冲间相通，并挂门帘保温；而塑料大棚进出口一般设置在其南端。与进出口相通的缓冲间不仅具有缓冲进出口热量散失，作为住房或仓库用外，还可让管理操

图9 半地下式温室

作人员进出温室时先在缓冲间适应一下环境，以免影响身体健康。

图10 进出口与缓冲间

（2）蓄水池（袋、桶） 北方地区冬季严寒，直接把水引入温室或塑料大棚内灌溉作物会大幅度降低土壤温度，使作物根系造成冷害，严重影响作物生长发育和产量及品质的形成，因此在温室或塑料大棚内山墙旁边修建蓄水池（袋、桶）以便冬季用于预热灌溉用水对于设施葡萄而言具有重要意义。

图11 蓄水池

（3）配套设备

①卷帘机。卷帘机是用于卷放保温被等保温覆盖材料的配套设备。目前生产中常用卷帘机主要有3种类型：顶卷式卷帘机、中央底卷式卷帘机和侧卷式卷帘机。其中顶卷式卷帘机卷帘绳容易叠卷，导致保温被卷放不整齐，需上后坡调整，容易将人卷伤甚至致死；而侧卷式卷帘机由于卷帘机设置于温室一头，一头受力，容易造成卷帘不整齐，导致一头低一头高，容易损毁机器；中央底卷式卷帘机克服了上述缺点，操作安全方便，应用效果最好，但普通中央底卷式卷帘机下方的保温被不能同时卷放，需人力卷放，影响工作效率。中国农业科学院果树研究所针对上述情况，研发出能同时卷放卷帘机下方保温被的中央底卷式卷帘机并获得国家专利，有效解决了中间保温被的机械卷放问题（图12）。

顶卷式卷帘机　　　　　　　　　侧卷式卷帘机

中央底卷式卷帘机
（左导轨式，右屈臂式）

中国农业科学院果树研究所研发的新型中央底卷式卷帘机
（实现了中间保温被的机械卷放）

图12　栽培设施中的卷帘机

②放风装置。放风装置是用于卷放（开闭）棚膜等透明覆盖材料以达到通风降温效果的配套设备，中国农业科学院果树研究所根据实际需求，研发出顶风放风和底风放风两套装置并获得国家专利（图13）。

顶风放风装置

底风放风装置
（左伸缩式，右折叠式）

图13　栽培设施中的放风装置

4. 中国农业科学院果树研究所低碳、高效、节能日光温室建造参数

（1）基本参数

①建造方位。北纬31°～37°地区，南偏东0°～10°（沿海雾大地区，为正南或南偏西0°～5°）；北纬38°～43°地区，南偏西0°～10°；北纬44°～48°地区，南偏西5°～8°。

②温室长度。单栋长度80～100米，两栋连建长度160～200米（中间24或12砖墙分隔，东西两头分别设置进出口）。

③温室脊高和跨度。北纬31°～37°地区，脊高3.8米，跨度8.5米；北纬38°～43°地区，脊高3.5米，跨度7.5米；北纬44°～48°地区，脊高3.5米，跨度6.5米。

④温室采光屋面角。北纬31°～37°地区，27.50°；北纬38°～43°地区，30.25°；北纬44°～48°地区，34.99°。

⑤温室后坡仰角。北纬31°～37°地区，56.31°；北纬38°～43°地区，45°；北纬44°～48°地区，45°。

⑥温室后坡水平投影长度。北纬31°～37°地区，1.2米；北纬38°～48°地区，1.5米。

（2）采光屋面

①骨架材料。采光屋面骨架为钢架竹木混合结构（或钢骨架或菱镁土骨架），其中钢架梁间距为3.0米，中间每60～100厘米设置一根竹竿，钢架梁及竹竿等用不锈钢钢线连接成网状，钢线上下间距30～40厘米。钢架梁材料选用电镀锌国标钢管，直径2.5～3.5厘米，下弦及拉筋用直径10毫米螺纹钢，拉筋与下弦组成等边三角形，拉筋采用折弯法弯到需要角度与钢管和下弦焊接，增加焊接面加强牢固度。对于风或雪大的地方，需在温室采光屋面南北向的中间和屋脊处立支柱，防止风或雪将温室压塌，风或雪小的地方不需立水泥支柱。

②屋面形状。采光屋面形状为"两弧一直线"。

a. 北纬31°～37°地区。屋脊处屋面切线与水平夹角为5.08°，前底角处屋面切线与水平夹角为77.38°，由如下三部分构成：水平投影 0 ～ 1.0 米段（南面前底角处定为 0 米），为半径 1.944 米的圆对应角度 49.86° 对应的一段弧，弧长为 1.692 米；水平投影 1.0 ～ 3.8 米段，为与水平面呈 27.50° 夹角的直线，长度为 3.157 米；水平投影 3.8 ～ 7.3 米段，为半径 9.639 米的圆对应角度 21.84° 对应的一段弧，弧长为 3.674 米。

b.北纬 38° ～ 43° 地区。采光屋面形状为"两弧一直线"，屋脊处屋面切线与水平夹角为 5.08°，前底角处屋面切线与水平夹角为 73.56°，由如下三部分构成：水平投影 0 ～ 1.0 米段（南面前底角处定为 0 米），为半径 2.178 米的圆对应角度 43.56° 对应的一段弧，弧长为 1.66 米；水平投影 1.0 ～ 3.5 米段，为与水平面呈 30° 夹角的直线，长度为 2.88 米；水平投影 3.5 ～ 6.0 米段，为半径 6.07 米的圆对应角度 24.92° 对应的一段弧，弧长为 2.64 米。

c.北纬 44° ～ 48° 地区。采光屋面形状为"两弧一直线"，屋脊处屋面切线与水平夹角为 8.61°，前底角处屋面切线与地面夹角为 69.89°，由如下三部分构成：水平投影 0 ～ 1.0 米段（南面前底角处定为 0 米），为半径 2.736 米的圆对应角度 34.88° 对应的一段弧，弧长为 1.665 米；水平投影 1.0 ～ 3.0 米段，为与水平面呈 34.99° 夹角的直线，长度为 2.44 米；水平投影 3.0 ～ 5.0 米段，为半径 4.72 米的圆对应角度为 26.38° 对应的一段弧，弧长为 2.172 米。

（3）山墙高度值

①北纬 31° ～ 37° 地区。从前底角（0 米处）向北墙（8.5 米处）方向山墙高度数值为：0 米处，高度 0 米；0.25 米处，高度 0.607 米；0.5 米处，高度 0.926 米；0.75 米处，高度 1.144 米；1.0 米处，高度 1.30 米；1.5 米处，高度 1.56 米；2.0 米处，高度 1.82 米；2.5 米处，高度 2.08 米；3.0 米处，高度 2.34 米；3.5 米处，高度 2.60 米；3.8 米处，高度 2.758 米；4.0 米处，高度 2.859 米；4.25 米处，高度 2.978 米；4.5 米处，高度 3.087 米；4.75 米处，高度 3.189 米；5.0 米处，高度 3.282 米；5.25 米处，高度 3.368 米；5.5 米处，高度 3.446 米；5.75 米处，高度 3.517 米；6.0 米处，高度

3.581 米；6.25 米处，高度 3.637 米；6.5 米处，高度 3.687 米；6.75 米处，高度 3.729 米；7.0 米处，高度 3.766 米；7.3 米处，高度 3.8 米；7.5 米处，高度 3.5 米；8.0 米处，高度 2.75 米；8.5 米处，高度 2.0 米。

②北纬 38°～43°地区。从前底角（0 米处）向北墙（7.5 米处）方向山墙高度数值为：0 米处，高度 0 米；0.25 米处，高度 0.55 米；0.5 米外，高度 0.87 米；0.75 米处，高度 1.10 米；1.0 米处，高度 1.27 米；1.5 米处，高度 1.56 米；2.0 米处，高度 1.85 米；2.5 米处，高度 2.14 米；3.0 米处，高度 2.42 米；3.5 米处，高度 2.72 米；4.0 米处，高度 2.94 米；4.5 米处，高度 3.13 米；5.0 米处，高度 3.28 米；5.5 米处，高度 3.38 米；6.0 米处，高度 3.5 米；6.5 米处，高度 3.0 米；7.0 米处，高度 2.5 米；7.5 米处，高度 2.0 米。

③北纬 44°～48°地区。从前底角（0 米处）向北墙（7.5 米处）方向山墙高度数值为：0 米处，高度为 0 米；0.25 米处，高度为 0.508 米；0.5 米处，高度为 0.846 米；0.75 米处，高度为 1.10 米；1.0 米处，高度为 1.30 米；1.25 米处，高度为 1.475 米；1.5 米处，高度为 1.65 米；1.75 米处，高度为 1.825 米；2.0 米处，高度为 2.0 米；2.25 米处，高度为 2.175 米；2.5 米处，高度为 2.35 米；2.75 米处，高度为 2.525 米；3.0 米处，高度为 2.70 米；3.25 米处，高度为 2.863 米；3.5 米处，高度为 3.005 米；3.75 米处，高度为 3.128 米；4.0 米处，高度为 3.234 米；4.25 米处，高度为 3.323 米；4.5 米处，高度为 3.396 米；4.75 米处，高度为 3.46 米；5.0 米处，高度为 3.5 米；5.25 米处，高度为 3.25 米；5.5 米处，高度为 3.0 米；5.75 米处，高度为 2.75 米；6.0 米处，高度为 2.50 米；6.25 米处，高度为 2.25 米；6.5 米处，高度为 2.0 米。

（4）墙体构造

①三层异质复合结构墙体构造。

a.内层。蓄热系数大的砖石结构。北纬 31°～37°地区厚度 24 厘米，并用白色涂料涂抹；北纬 38°～43°、44°～48°地区厚度分别为 24 厘米、37 厘米，并用黑色涂料涂抹，为增加受热面积，可采用穹形、蜂窝构造。

b.中间层。保温苯板。北纬31°～37°、38°～43°、44°～48°地区厚度分别为5～10厘米、10～15厘米、15～20厘米。

c.外层。砖石结构。北纬31°～37°、38°～43°、44°～48°地区厚度分别为12厘米、12～24厘米、24厘米。

②两层异质复合结构墙体构造。

a.内层。蓄热系数大的砖石结构。北纬31°～37°地区厚度为24厘米，并用白色涂料涂抹；北纬38°～43°、44°～48°地区厚度24厘米、37厘米，并用黑色涂料涂抹，为增加受热面积，可采用穹形、蜂窝构造。

b.外层。堆土结构。堆土厚度最窄处北纬31°～37°、38°～43°、44°～48°地区分别以当地冻土层厚度增加10～20厘米、20～40厘米、40～60厘米为宜。

③单层结构。墙体为土墙，用链轨车压实园土做成墙体，墙体呈梯形，墙体最窄处厚度北纬31°～37°、38°～43°、44°～48°地区分别以当地冻土层厚度加30～60厘米、60～80厘米、80～100厘米为宜。

（5）后坡

①三层异质复合结构后坡。

a.内层。蓄热系数大的钢筋混凝土结构。北纬31°～37°地区厚度5～10厘米，并用白色涂料涂抹；北纬38°～48°地区厚度5～10厘米，并用深色涂料涂抹。

b.中间层。保温苯板。北纬31°～37°、38°～43°、44°～48°地区厚度分别为5～10厘米、10～15厘米、15～20厘米。

c.外层。水泥砂浆或沥青防水保护层。北纬31°～48°地区厚度为5厘米左右。

②两层异质复合结构后坡。

a.内层。蓄热系数大的钢筋混凝土结构。厚度5～10厘米，北纬31°～37°地区用白色涂料涂抹，北纬38°～48°地区用深色涂料涂抹。

b. 中间层。麦草或秸秆等保温材料，北纬31°～37°、38°～43°、44°～48°地区厚度分别为40～60厘米、50～70厘米、60～90厘米，用塑料薄膜包裹。

c. 外层。为10厘米左右厚度的草泥护坡。

③单层结构。屋脊处用钢管作为横梁，后坡用间距30～40厘米的不锈钢钢线连成网格状，上面铺设5厘米左右厚度的芦苇板（可不用），然后中间铺设麦草或玉米秸秆等保温材料，北纬31°～37°、38°～43°、44°～48°地区厚度分别为40～60厘米、50～70厘米、60～90厘米，用塑料薄膜包裹；最后用10厘米左右厚度的草泥护坡。

（6）防寒沟　在日光温室四周0.5米内设置防寒沟（如果墙体为土墙或砖石与土混合墙体，只需在温室南端前底角处设置防寒沟），以紧贴墙体基础为佳。防寒沟如果填充保温苯板，北纬31°～37°、38°～43°、44°～48°地区厚度分别为5厘米、10厘米、15厘米，如果填充秸秆杂草（外面需包裹塑料薄膜）北纬31°～43°、44°～48°地区厚度分别为30厘米、40厘米；防寒沟深度北纬31°～37°、38°～43°、44°～48°地区分别大于当地冻土层深度20厘米、30厘米、40厘米。

（7）温室地面高度　温室内地面高度为-0.5米，但夏季雨水多或容易发生积水的地区温室内地面高度应大于或等于0米。

（8）温室间距　北纬31°～37°、38°～43°、44°～48°地区分别以6～10米、8～14米、15～20米为宜。

（9）蓄水池　于温室山墙一侧或北墙设置蓄水池（袋、桶），容积3～10米^{3}为宜。

（10）阴棚　为了进一步提高土地利用率、增强温室保温能力，可在温室后面搭建阴棚用于食用菌生产或养殖。阴棚脊高与温室北墙等高，屋面为拱圆形。阴棚山墙值，从前底角（0米处）向北墙（4.0米处）：0米处，高度为0米；0.25米处，高度为0.227

米；0.5米处，高度为0.469米；0.75米处，高度为0.680米；1.0米处，高度为0.875米；1.25米处，高度为1.055米；1.5米处，高度为1.219米；1.75米处，高度为1.367米；2.0米处，高度为1.50米；2.25米处，高度为1.617米；2.5米处，高度为1.719米；2.75米处，高度为1.805米；3.0米处，高度为1.875米；3.25米处，高度为1.727米；3.5米处，高度为1.969米；3.75米处，高度为1.992米；4.0米处，高度为2.0米。

二、品种选择

　　设施葡萄促早栽培成功与否的关键因素之一是品种选择。目前鲜食葡萄品种日新月异，新品种不断地引进和培育，品种更新速度加快，周期缩短。品种虽多，但不是任何品种都适合设施促早栽培；露地栽培表现良好的品种，不一定就适合高温、高湿、弱光照和二氧化碳浓度不足的设施环境。各地设施葡萄促早栽培生产都陆续栽植了不少新品种葡萄，由于选择不当，成花难、产量低的问题十分突出。因此，选择不同成熟期、色泽各异的适栽优良品种是当前设施葡萄促早栽培的首要任务。

（一）品种的选择原则

　　经过多年科研攻关，中国农业科学院果树研究所制定出由环境适应特性、产期调节特性、品质特性、省力特性和产量特性等构成的设施葡萄促早栽培适宜品种评价体系，在此基础上制定出品种的选择原则：选择需冷量和需热量低、果实发育期短的早熟或特早熟品种，以用于冬促早栽培和春促早栽培。选择多次结果能力强的品种，以用于秋促早栽培。选择耐弱光、花芽容易形成且着生节位低、坐果率高且连续结果能力强的早实丰产品种，以利于提高产量和连年丰产。选择生长势中庸的品种，以便于管理省工。选择果穗松紧度适中，果粒整齐、质优、耐贮的品种，并注意增加花色品种，克服品种单一化问题，以提高市场竞争力。着色品种需选择对直射光依赖性不强、散射光着色良好的品种，以克服设施内直射光减少不利于葡萄果粒着色的弱光条件。选择生态适应性广，并且抗病性和抗逆性强的品种，以利于生产无公害安全果品。同一棚室定植品种时，应选择同一品种或成熟期基本一致的同一品种群的品种，以便统一管理；不同棚室选择品种时，可适当搭配，做到熟期配套、花色齐全。

（二）设施葡萄良种推荐

1. 冬促早或春促早栽培良种 经过多年科研攻关，中国农业科学院果树研究所将现有葡萄品种划分为耐弱光、较耐弱光和不耐弱光3种类型。

（1）耐弱光品种 华葡紫峰（原代号华葡2号，87-1×乍娜后代）、瑞都香玉、香妃、红香妃、乍娜、87-1、京蜜、红旗特早玫瑰、无核早红（8611）、红标无核（8612）、维多利亚、莎巴珍珠和玫瑰香等品种属耐弱光品种，耐弱光能力强。在促早栽培条件下具有极强的连年丰产能力，不需进行更新修剪等连年丰产技术措施，无论是在冬促早栽培条件下还是在春促早栽培条件下冬剪时采取中（短）梢修剪即可实现连年丰产。

（2）较耐弱光品种 无核白鸡心、金手指、藤稔、紫珍香、着色香和火焰无核等品种属较耐弱光品种，耐弱光能力较强。在促早栽培条件下具有较强的连年丰产能力，不需进行更新修剪等连年丰产技术措施，冬促早栽培条件下冬剪时采取中（长）梢修剪，春促早栽培条件下冬剪时采取中（短）梢修剪即可实现连年丰产。

（3）不耐弱光品种 夏黑无核、早黑宝、巨玫瑰、巨峰、金星无核、京秀、京亚、里扎马特、奥古斯特、粉红亚都蜜、红双味、优无核、黑奇无核（奇妙无核）、醉金香、布朗无核和凤凰51等品种属不耐弱光品种，耐弱光能力差。在冬促早栽培条件下，需采取更新修剪等连年丰产技术措施方可实现连年丰产；在春促早栽培条件下，如不采取更新修剪措施，冬剪时需采取中（长）梢修剪方可实现连年丰产。

2. 秋促早栽培良种 魏可、美人指、玫瑰香、意大利、极高、红乳、圣诞玫瑰、达米娜、秋黑和巨峰等多次结果能力强，可利用其冬芽或夏芽多次结果能力进行秋促早栽培。其中秋黑等品种叶片的抗衰老能力极强，果实可于春节前后（1~2月）采收，供应春节市场；圣诞玫瑰、极高、红乳、意大利、美人指、达米娜和魏可等品种叶片的抗衰老能力较强，果实可于元旦期间采收（12月），供应元旦市场；巨峰等品种的叶片较易衰老，果实只能于11~12月采收。

（三）设施葡萄部分良种简介

1. 京蜜 中国科学院植物研究所以京秀作为母本，以香妃作为父本于1998年杂交育成，于2007年通过北京市审定。

图14 京 蜜

果穗圆锥形，平均穗重为373.7克，最大穗重为617.0克，果粒着生紧密。果粒扁圆形或近圆形，平均粒重7.0克，最大粒重11.0克，黄绿色，果粉薄。果皮薄，每粒葡萄有种子2~4粒，多为3粒。果肉脆，汁液中多，有玫瑰香味，风味甜。可溶性固形物含量为17.00%~20.20%，可滴定酸含量为0.31%。葡萄成熟后不易裂果，可在树上久挂不变软、不落粒（图14）。
　　生长势较强。芽眼萌发率为66.6%，

果枝百分率为67.6%，结果系数为0.90，每个果枝结果穗1.35个。副梢结实力中等。早果性好，极丰产。果穗、果粒成熟一致。

北京地区露地栽培，萌芽至浆果成熟需95～110天，为极早熟品种，该品种为设施葡萄促早栽培很有发展前途的优良品种之一。

2.**华葡紫峰** 欧亚种，是中国农业科学院果树研究所于2000年以87-1（玫瑰香早熟芽变）为母本，以绯红为父本杂交育成。需冷量约600小时，属低需冷量葡萄品种。

自然果穗圆锥形，有副穗，单穗重800克左右。果粒着生紧密，近圆形，疏粒后单粒重8克左右。果皮紫红至紫黑色，果粉中厚，皮薄肉硬，质地细脆，有淡玫瑰香味。可溶性固形物含量为17.0%～19.0%，耐贮运，不裂果。果实成熟后挂果可延到10月下旬仍不变软、不落粒（图15）。

图15 华葡紫峰

在辽宁兴城地区5月初萌芽，6月中旬开花，8月中下旬果实成熟，果实发育期60～70天，属早熟品种。

树势中庸，新梢管理省工；萌芽率高，极易成花，副梢结实力较强，可利用二次结果。对设施的弱光、低浓度二氧化碳和高温适应性强，非常适合设施促早栽培环境，是很有发展前途的早熟品种之一。

3.**香妃** 欧亚种，是北京市农林科学院林业果树研究所于1982年以玫瑰香与莎巴珍珠杂交的后代73-7-6为母本，绯红为父本杂交育成。1999年通过北京市品种鉴定。

自然果穗呈短圆锥形，有副穗，平均穗重322.5克，果粒着生中等密度。果粒近圆形，疏粒后平均粒重7.58克，最大达9.7克，果皮绿黄色，果粉中等厚，皮薄肉硬，质地细脆，有浓玫瑰香味，含糖14.25%，含酸0.58%，酸甜适口，品质极佳（图16）。

在北京和辽西兴城地区分别在4月中旬和5月上旬萌芽，5月下旬和6月中旬开花，7月下旬和8月上旬果实成熟，从萌芽到浆果成熟需105天左右。

树势中庸，萌芽率高，平均为75.4%，结果枝率为61.55%，每个果枝平均有花序1.82个，多着生在第二至第七节上。该品种副梢结实力较强，可利用二次结果。在生产栽培中，采收前注意调节土壤中水分，保持相对均衡，防止裂果。香妃是当前露地及设施栽培抗性较强，有发展前途的优良早熟品种之一。

图16　香　妃

4. 87-1　欧亚种，从辽宁省鞍山市郊区的玫瑰香葡萄园中发现的极早熟、优质、丰产的芽变单株。

自然果穗圆锥形，平均穗重520克，最大穗达750克。果粒着生中密，短椭圆形，疏果后，平均粒重6.5克，最大8克。果皮中厚，紫红至紫黑色，果肉细致稍脆，汁中多味甜，含可溶性固形物15.0%～16.5%，有浓玫瑰香味，品质极佳。果实耐贮运。成熟后延迟采收，无落粒、裂果现象，是当前设施葡萄生产抗性较强，有发展前途的优良早熟品种之一（图17）。

图17　87-1

在鞍山、兴城地区5月初萌芽，6月中旬开花，7月下旬至8月上旬果实成熟，在沈阳地区8月上中旬成熟。从萌芽到果实成熟100天左右。

植株生长势、抗逆性以及果粒形状均与玫瑰香品种相似。结果枝率68%，较丰产，副梢结果能力强。

5. 乍娜　欧亚种，又称绯红，原产美国，用粉红葡萄和瑞必尔杂交育成，于1975年从阿尔巴尼亚引入我国，是设施栽培的主要早熟优良品种之一。

自然果穗圆锥形，平均穗重850克，最大达1 100克。果粒着生中密。果粒近圆形或椭圆形，平均粒重9.0克，最大达14克。果皮紫红色，果顶部有3～4条浅沟棱，中等厚，果粉薄。肉质细脆、清甜，微有玫瑰香味。含糖16.8%，含酸0.45%。品质中上等。果实耐贮运，贮藏后香味加浓（图18）。

图18　乍　娜

辽宁省兴城地区5月上旬发芽，6月中旬开花，7月上旬着色，8月中旬果实成熟。从萌芽到浆果成熟需105天左右，活动积温2 250℃左右。

该品种对黑痘病、霜霉病抗性较弱，适于干旱少雨地区及设施栽培。生长势强，结果枝率56%，较丰产，采收前注意保持土壤水分相对稳定，防止采前裂果。

6. 维多利亚　欧亚种，二倍体。罗马尼亚德哥沙尼葡萄试验站用绯红与保尔加尔杂交育成，1978年品种登记，1996年引入我国。

自然果穗圆锥形或圆柱形，平均穗重630克，最大达1 560克，果粒着生中度紧密。果粒长椭圆形，平均粒重9.5克，最大达12.0克。果皮黄绿色，中等厚。果肉硬而脆，果皮与果肉易分离，味

图19 维多利亚

甜适口，无香味，含可溶性固形物16.0%，含酸量0.37%，品质佳（图19）。

在河北昌黎地区4月中旬萌芽，5月下旬开花，8月上旬浆果成熟。从萌芽到浆果成熟需要110天左右，活动积温为2 158.2℃。

植株生长势中等，结果枝率达56%，每个结果枝平均有花序1.5个；副梢结实力强。抗灰霉病能力强，抗霜霉病、白腐病中等，果实不脱粒，耐贮运，是适

合设施葡萄促早栽培的优良品种之一。

7. 粉红亚都蜜 欧亚种，又称萝莎、亚都蜜或矢富萝莎。是日本矢富良宗氏用潘诺尼亚×（乌巴萝莎×楼都玫瑰）杂交育成，1990年11月进行品种登记，1996年引入我国。

自然果穗圆锥形，平均穗重750克，最大达1 000克以上，果粒着生中度疏松。果粒长椭圆形，平均粒重8.5克，最大达12克。果皮紫红色至紫黑色，中等厚，果皮与果肉不易分离。果肉硬度适中，多汁，含糖15.5%～18.2%，含酸0.25%，清甜适口，无香味，品质佳。丰产性强。果实不裂果、不脱粒，较耐贮运（图20）。

在山东平度和辽宁兴城地

图20 粉红亚都蜜
（该品种照片由王世平教授提供）

区，分别于4月下旬和5月上旬萌芽，7月下旬和8月上旬浆果成熟，从萌芽到果实成熟为105天。在架面挂果可延到9月上旬，仍不落粒。抗霜霉病、白粉病都比乍娜、京秀强。

生长较旺，二次结果力强，是欧亚种群中早熟、大粒、紫红色、易丰产的优良品种。

8. 藤稔 欧美杂交种，四倍体，俗称"乒乓球"葡萄。为井川682×先锋于日本育成，1989年注册，于1986年引入我国。

自然果穗圆锥形，平均重450克，果粒着生较紧密。果粒大、整齐，椭圆形，平均粒重15克，最大28克。果皮中等厚，紫黑色，果粉极少。肉质较软，味甜多汁，有草莓香味，含糖量17%，品质上等（图21）。

辽宁兴城地区5月上旬萌芽，6月上旬开花，7月下旬着色，8月中下旬果实成熟。从萌芽到浆果成熟需120天左右。浆果比巨峰早熟10天左右。结果枝率高达70%以上，丰产。浆果成熟一致。

图21 藤稔

抗性较强，对黑痘病、霜霉病、白腐病的抗性与巨峰相似。果实较耐运输，栽培管理技术与巨峰相同。果实可延迟到10月上旬采收，无脱粒和裂果现象。

9. 巨峰 欧美杂交种，原产日本，是该国的主栽品种。1937年大井上康用石原早生（康拜尔大粒芽变）×森田尼杂交育成的四倍体品种，1945年发表，我国于1958年引入。

自然果穗圆锥形，平均穗重550克，最大1 250克，果粒着生中等紧密。果粒椭圆形，平均粒重10克，最大重15克。果皮中等厚，紫黑色，果粉中等厚，果梗较短，抗拉力为100克左右。

图22 巨　峰

果肉有肉囊，稍软，有草莓香味，味甜多汁，含可溶性固形物17% ~ 19%。适时采收品质上（图22）。

在辽宁西部于5月上旬萌芽，6月中旬开花，8月中旬着色，9月中旬果实成熟。从萌芽到浆果成熟需135天左右，活动积温2 800℃左右。结果枝率68%，副梢结实力强，丰产，留果过多和延迟采收，品质下降。

对黑痘病、霜霉病抗性较强，对穗轴褐枯病抗性较弱，抗寒力中等，既可进行设施葡萄冬促早和春促早生产，又可进行设施葡萄秋促早栽培生产。

10. 玫瑰香　欧亚种，又称紫玫瑰，二倍体。英国用白玫瑰与黑汉杂交育成，1900年引入我国。世界上栽培区域较广，在沈阳、山东有四倍体大粒芽变系栽培。我国许多葡萄产区主栽品种，1995年荣获国家农业博览会金奖。

自然果穗圆锥形，平均穗重350克，最大820克，果粒着生中密或紧密。疏果粒后，平均粒重6.2克，最大7.5克。果皮中等厚，紫红或紫黑色，果粉较厚，肉质细，稍软多汁，有浓郁的玫瑰香味，含糖量18% ~ 20%，含酸0.5% ~ 0.7%，品质极佳。出汁率76%以上（图23）。

图23　玫瑰香

树势中等，结果枝占47%，在充分成熟的结果母枝上，从基部起1～5芽都能发出结果枝，每个结果枝大多着生2个花序，少数为1个或3个花序，较丰产。副梢结实力强，可利用其多次结果进行设施葡萄秋促早栽培。浆果耐贮藏与运输，对白腐病、黑痘病抗性中等，抗寒力中等。

辽宁兴城地区5月上旬发芽，6月中旬开花，8月中旬着色，9月中下旬果实成熟。从萌芽到浆果成熟需140天左右，活动积温2 800℃左右。

11. 金手指　欧美杂交种，日本1982年杂交育成，1993年登记注册，是日本"五指"中（美人指、少女指、婴儿指、长指、金手指）唯一的欧美杂交种。

果穗中等大，长圆锥形，着粒松紧适度，平均穗重445克，最大980克。果粒长椭圆形至长形，略弯曲，黄白色，平均粒重7.5克，最大可达10克。每果含种子0～3粒，多为1～2粒，有瘪籽，无小青粒，果粉厚，极美观，果皮薄，可剥离，可以带皮吃。含可溶性固形物18%～23%，最高达28.3%，有浓郁的冰糖味和牛奶味，品质极上，商品性极高。不易裂果，耐挤压，耐贮运性好，货架期长（图24）。

图24　金手指
（该品种照片由王世平教授提供）

生长势中庸偏旺，新梢较直立。始果期早，定植第二年结果株率达90%以上，结实力强，每亩产量在1 500千克左右。三年生平均萌芽率85%，结果枝率98%，平均每果枝1.8个果穗。副梢结实力中等。山东平度4月7日萌芽、5月23日开花、8月初果实成熟，比巨峰早熟10～15天，属中早熟品种。

抗寒性强，成熟枝条可耐 –18℃ 左右的低温；抗病性与巨峰类似；抗涝性、抗干旱性均强，对土壤、环境要求不严格。

12. 意大利　欧亚种，意大利由比坎与玫瑰香杂交育成，我国于1955年从匈牙利引入，属世界性优良品种。

图25　意大利

自然果穗圆锥形，平均穗重830克，果粒着生中度紧密。果粒椭圆形，平均重7.2克，果皮绿黄色，中等厚，果粉中等，肉质脆，有玫瑰香味。含糖量17%，品质上等。果实耐贮运。抗病力、抗寒力均强。

在辽宁兴城地区4月下旬萌芽，6月中旬开花，8月下旬着色，9月中下旬果实成熟。从萌芽到果实成熟需要150天左右，活动积温3 140℃，新梢7月下旬开始变色成熟。该品种是晚熟、肉硬脆、黄绿色、有玫瑰香味、适应性强、丰产的优良品种，副梢结实力强，可用于设施葡萄的秋促早栽培。

13. 魏可　欧亚种，二倍体。原产地日本，日本山梨县志村富男育成，亲本为Kubel Muscat和甲斐路。1987年杂交，1998年品种登录，1999年引入我国。

自然果穗圆锥形，果穗大，平均穗重450克，最大穗重575克，着生中密，果粒大小整齐。果粒卵圆形，紫红色至紫黑色，成熟一致。果粒大，平均粒重10.5克，最大粒重13.4克。果皮中等厚，韧性大，无涩味，果粉厚，果肉脆，无肉囊，

图26　魏　可

汁多，每粒果实含种子1～3粒，多为2粒。含可溶性固形物20%以上，品质上等。稍有裂果（图26）。

在江苏张家港地区，4月1～11日萌芽，5月15～25日开花，9月15～25日浆果成熟，从萌芽至浆果成熟需162～177天，此期活动积温为3 686.8～3 984.3℃。

植株生长势极强，隐芽萌发力强，芽眼萌发率为90%～95%，成枝率为95%，枝条成熟度好，结果枝率为85%，副梢结实能力强，较抗病，容易栽培，适于设施葡萄秋促早栽培。

14. 夏黑　欧美杂种，日本用巨峰和无核白于1968年杂交育成，1997年8月登录。

果穗圆锥形，部分有双歧肩，无副穗。平均穗重415克，粒重3.0～3.5克。果粒着生紧密，大小整齐。果粒近圆形，紫黑至蓝黑色，上色容易，着色快，成熟一致。果皮厚脆，无涩味，果粉厚，果肉硬脆，无核，含可溶性固形物20%以上，有浓草莓香味（图27）。

在江苏张家港地区3月下旬至4月上旬萌芽，5月中下旬开花，7月中下旬浆果成熟。从萌芽到果实成熟需要100～115天，此期活动积温为1 983.2～2 329.7℃，属极早熟品种。

图27　夏　黑
（该品种照片由王世平教授提供）

植株长势极强，枝条芽眼萌发力和结果力均强，不裂果，不落粒。该品种是适合设施葡萄促早栽培的极早熟、丰产、抗病力强、耐贮运的优良鲜食无核品种。

三、
高标准建园

（一）园地选择与改良

1.园地选择　园地选择的好坏与温室或塑料大棚的结构性能、环境调控及经营管理等方面关系很大，因此园地选择需遵循如下原则：

①为了利于采光，建园地块要南面开阔、高燥向阳、无遮阳且平坦。

②为了减少温室或塑料大棚覆盖层的散热和风压对结构的影响，要选择避风地带，冬季有季风的地方，最好选在上风向有丘陵、山地、防风林或高大建筑物等挡风的地方，但这些地方又往往形成风口或积雪过大，必须事先调查。另外，要求园地四周不能有障碍物，以利于高温季节通风换气，促进作物的光合作用。

③为使温室或塑料大棚的基础牢固，要选择地基土质坚实的地方，避开土质松软的地方，以防因加大基础或加固地基而增加造价。

④虽然葡萄抗逆性强、适应性广，对土壤条件没有严格要求，但是设施葡萄建园最好选择土壤质地良好、土层深厚、便于排灌的肥沃沙壤土地片构建设施，切忌在重盐碱地、低洼地和地下水

位高及种植过葡萄的重茬地建园。

⑤应选离水源、电源和公路等较近，交通运输便利的地块建园，以便于管理与运输，但不能离交通干线过近。同时要避免在污染源的下风向建园，以减少对薄膜的污染和积尘。

⑥在山区，可在丘陵或坡地背风向阳的南坡梯田构建温室，并直接借助梯田后坡作为温室后墙，这样不仅节约建材，降低温室建造成本，而且温室保温效果良好，经济耐用。

⑦为提高土地利用率，挖掘土地潜力，结合换土与薄膜限根栽培模式或采用无土栽培模式，可在戈壁滩等荒芜土地上构建日光温室或塑料大棚，如在中国农业科学院果树研究所的指导下，新疆等地在戈壁滩上构建日光温室，不仅使荒芜的戈壁滩变废为宝，而且充分发挥了戈壁滩的光热资源优势（图28）。

山坡地建园　　　　　　　盐碱地建园，植株黄化严重

戈壁滩建园

图28 设施葡萄建园

2. 园地改良 建园前的土壤改良是设施葡萄栽培的重要环节，直接影响到设施葡萄的产量和品质，因此必须加大建园前的土壤改良力度，尤其是土壤黏板、过沙或低洼阴湿的盐碱地。针对不同的土壤质地，应施以不同的改良方法，如黏板地应采取黏土掺沙、底层通透等方法改良，过沙土壤应采取沙土混泥或薄膜限根的方法改良，盐碱地应采取淡水洗盐、草被压盐等方法改良。

但土壤改良的中心环节是增施有机肥，提高土壤有机质含量。有机质含量高的疏松土壤，不仅有利于葡萄根系生长，尤其是有利于葡萄吸收根的发生，而且能吸收更多的太阳辐射能，使地温回升快且稳定，对葡萄的生长发育产生诸多有利影响。一般于定植前，每亩施入优质腐熟有机肥5～10吨并混加500千克商品生物有机肥，使肥土混匀（图29）。

图29 生物有机肥

（二）限根栽培

1. **起垄限根** 该限根模式是防止积水成涝和改善土壤透气性的有效手段，而且在设施葡萄促早栽培升温时利于地温快速回升，使地温和气温协调一致。具体操作为：在定植前，首先将腐熟有机肥（5～10米³/亩）和生物有机肥（1吨/亩）均匀撒施到园地表面，然后用旋耕机松土将肥土混匀，最后将表层肥土按适宜行向和株行距就地起垄，一般定植垄高40～50厘米、宽80～120厘米（图30）。

图30 起垄限根
（右图为起垄栽培与传统栽培生长情况对照）

2. **薄膜限根** 在起垄限根栽培模式的基础上，对于漏肥漏水严重或地下水位过高地块的设施葡萄栽培，可配合采取薄膜限根模式。具体操作为：在定植前，首先按照适宜行向和株行距将塑料薄膜按照宽100厘米、长与定植行行长相同的规格裁剪并铺设在地表，然后

图31 薄膜限根

将行间表土与腐熟有机肥按照（4～6）：1的比例混匀在塑料薄膜上起垄，一般定植垄高40～50厘米、宽80～120厘米（图31）。

3. **容器限根**（图32） 该限根模式不受土壤与立地条件的限制，对于戈壁、沙漠和重盐碱等非耕地以及都市农业中的阳台、楼顶及庭院的高效利用可采取此栽培模式。从成本和效果来看，选用控根器作为栽培容器最为适宜（图33）。控根器的体积大小根据树冠投影面积确定，一般每平方米树冠投影面积对应的控根器体积为0.05～0.06米^3，土层厚度一般为40～50厘米。例如株距0.5米、行距2.0米的栽植密度，则需栽培容器的规格为高50厘米、直径40～45厘米。容器栽培的土壤培肥非常重要，要通过大量的有机质投入，改善土壤结构，提高土壤通透性能。根据多年的实践，优质腐熟有机肥或生物有机肥和园土的混合比例为1：（4～6）。有机肥一定要和园土完全混匀，切忌分层混肥。如土壤黏重除添加有机肥外，还要根据实际情况添加适宜的河沙或炉渣，以增加土壤的通透性。

图32 容器限根

图33　控根器

四、
合理整形与简化修剪

（一）高光效省力化树形与叶幕形

目前，在设施葡萄生产中，树形普遍采用多主蔓扇形和直立龙干形，叶幕形普遍采用直立叶幕形（即篱壁形叶幕），存在如下诸多问题严重影响了设施葡萄的健康可持续发展：如通风透光性差，光能利用率低；顶端优势强，易造成上强下弱；副梢长势旺，管理频繁，工作量大；结果部位不集中，成熟期不一致，管理不方便；采摘期晚于6月中旬，难于更新修剪等。

中国农业科学院果树研究所针对设施葡萄生产中传统树形和叶幕形存在的问题，开展了设施葡萄高光效省力化树形和叶幕形研究，经过多年科研攻关，结果表明：在设施葡萄生产中，冬促早栽培模式以倾斜龙干树形配合V形叶幕或V+1形叶幕，春促早栽培和秋促早栽培模式以水平龙干树形配合水平叶幕效果最佳，具有光能利用率高、光合作用佳、新梢生长均衡、管理省工、果实成熟早且一致、品质优的特点（图34）。

图34 传统树形和叶幕形

（直立龙干形配合直立叶幕）

1. 倾斜龙干树形配合 V 形（V+1 形）叶幕

（1）栽培模式 适用于日光温室冬促早栽培模式。

（2）架式与行向 适合 V 形架，行向以南北行向为宜。因为南北行向比东西行向受光均匀。东西行向定植行的北面全天受不到直射光照射，而南面则全天受到太阳直射光的照射，所以东西行向定植行的南面果穗成熟早、品质好，而北面果穗成熟晚、品质差，甚至有叶片黄化的现象。

（3）栽植密度 株距 1.0～2.0 米，单穴双株定植；行距 2.0 米。

（4）树体骨架结构 主干直立，高度 0.2～1.5 米，根据日光温室空间确定；主蔓（龙干）北高南低，从基部到顶部由高到低顺行向倾斜延伸；结果枝组在主蔓（龙干）上均匀分布，枝组间距因品种而异，可短梢修剪的品种同侧枝组间距 10～20 厘米，需中、短梢混合修剪的品种同侧枝组间距 30～40 厘米，需长、短梢混合修剪的品种同侧枝组间距 60～100 厘米（图35）。

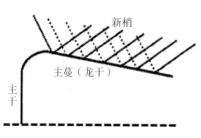

图35 倾斜龙干形

（倾斜V形架面，北高南低）

（5）叶幕结构

①V形叶幕。新梢与主蔓（龙干）垂直，在主蔓（龙干）两侧倾斜绑缚呈V形叶幕，新梢间距15厘米、长度120厘米左右；新梢留量每亩3 500条左右，每新梢20 ～ 30片叶（图36）。

图36 V形叶幕

（新梢间距15厘米，亩留量3 500条左右）

②V+1形叶幕。每结果枝组留1条更新梢，更新梢数量与结果枝组数量相同，更新梢间距与结果枝组间距相同，更新梢直立绑缚呈1字形。非更新梢即结果梢与主蔓（龙干）垂直，在主蔓（龙干）两侧倾斜绑缚呈V形叶幕，新梢间距15厘米、长度120厘米左右，非更新梢留量每亩3 500条左右，每新梢20 ～ 30片叶。该叶幕形有效解决了设施内新梢花芽分化不良的晚熟品种（果实成熟期在6月中旬以后）果实发育与更新修剪的矛盾，实现连年丰产（图37）。

图37　V＋1形叶幕及模式图

2.水平龙干树形配合水平叶幕

（1）栽培模式　适用于塑料大棚春促早和秋促早栽培模式。

（2）架式与行向　适合双层平棚架或高宽垂架，具有主蔓上架容易、新梢上架绑缚不易掰掉的优点，其中主蔓于离地面180厘米高度处绑缚，新梢于离地面200厘米高度处绑缚。行向南北或东西均可。

（3）栽植密度

①需下架防寒设施葡萄促早栽培栽植密度。宜采取斜干水平龙干形，株行距以2.5米×［4.0（单沟单行定植）～8.0（单沟双行定植）］米为宜，单穴双株定植。

②不需下架防寒设施葡萄促早栽培栽植密度。可采取"一"字形和H形水平龙干树形，其中"一"字形水平龙干树形株行距（4.0～8.0）米×2.5米（主蔓顺行向延伸）或2.5米×（4.0～8.0）米（主蔓垂直行向延伸），单穴双株定植，如考虑机械化作业建议采取株行距2.5米×（4.0～8.0）米的定植模式定植；H形水平龙干树形株行距（4.0～8.0）米×（4.0～5.0）米（主蔓顺行向延伸）。

（4）树体骨架结构

①需下架防寒设施葡萄促早栽培树体骨架结构。主干基部具"鸭脖弯"结构，利于冬季下架越冬防寒和春季上架绑缚，防止主干折断；主干垂直高度180厘米；主蔓（龙干）沿与行向垂直方向

水平延伸；主蔓与主干呈120°夹角，便于主蔓冬季下架绑缚；结果枝组在主蔓上均匀分布，枝组间距因品种而异，可短梢修剪的品种同侧枝组间距10 ～ 20厘米，需中、短梢混合修剪的品种同侧枝组间距30 ～ 40厘米，需长、短梢混合修剪的品种同侧枝组间距60 ～ 100厘米。"鸭脖弯"结构的具体参数：主干基部长10 ～ 15厘米部分垂直地面；于距地面10 ～ 15厘米处呈90°沿水平面弯曲，此段长20 ～ 30厘米；于水平弯曲20 ～ 30厘米长度处呈90°沿垂直面弯曲并倾斜上架，倾斜程度以与垂线呈30°为宜。

②不需下架防寒设施葡萄促早栽培树体骨架结构。主干直立，垂直高度1.8米；主蔓（龙干）顺行向或垂直行向水平延伸；结果枝组在主蔓上均匀分布，枝组间距因品种而异，可短梢修剪的品种同侧枝组间距10 ～ 20厘米，需中、短梢混合修剪的品种同侧枝组间距30 ～ 40厘米，需长、短梢混合修剪的品种同侧枝组间距60 ～ 100厘米。

（5）叶幕结构　新梢与主蔓垂直，在主蔓两侧水平绑缚呈水平叶幕，生长后期新梢下垂；新梢间距15 ～ 20厘米；新梢长度120厘米左右；新梢负载量每亩3 500条左右，每新梢20 ～ 30片叶（图38）。

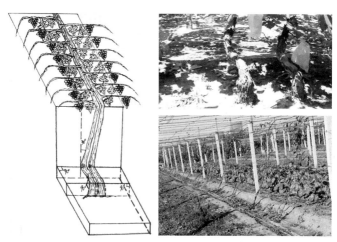

斜干水平龙干形配合水平叶幕结构示意图与实景图
（右上图中为"鸭脖弯"结构）

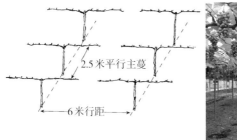

"一"字形水平龙干树形配合水平叶幕结构示意图及实景图

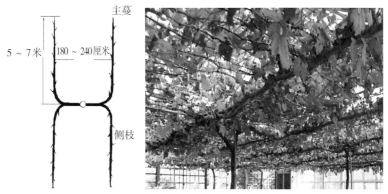

H形水平龙干树形配合水平叶幕结构示意图及实景图

图38　水平龙干树形配合水平叶幕结构

（二）简化修剪

1. **冬季修剪**　冬季修剪是指秋末冬初落叶后到发芽前这段时间所进行的修剪。从落叶后到翌年开始生长之前，任何时候修剪都不会显著影响植株体内贮藏营养，也不会影响植株的生长和结果。冬季需下架防寒的设施葡萄促早栽培，冬季修剪在落叶后必须抓紧时间及早进行；冬季不需下架防寒的设施葡萄促早栽培，冬季修剪可于落叶3～4周后至伤流前进行。

（1）**短截**　短截是指将一年生枝剪去一段留下一段的剪枝方

法，是葡萄冬季修剪的主要手法。根据剪留长度的不同，分为极短梢修剪（留1芽或仅留隐芽）、短梢修剪（留2～3芽）、中梢修剪（留4～6芽）、长梢修剪（留7～11芽）和极长梢修剪（留12芽以上）等。根据花芽着生部位确定选取什么样的修剪方式：花芽着生部位低，采取极短梢或短梢修剪；花芽着生部位中，采取中梢修剪；花芽着生部位高，采取长梢或极长梢修剪。选取何种修剪方式与品种特性、立地生态条件、树龄、整形方式、枝条发育状况及芽的饱满程度息息相关（图39）。

   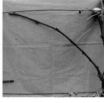 

极短梢修剪　　短梢修剪　　中梢修剪　　　长梢修剪　　极长梢修剪

图39　短　截

（2）疏剪　把整个枝蔓（包括一年生和多年生枝蔓）从基部剪除的修剪方法，称为疏剪。其具有如下作用：疏去过密枝，改善光照和营养物质的分配；疏去老弱枝，留下新壮枝，以保持生长优势；疏去过强的徒长枝，留下中庸健壮枝，以均衡树势；疏除病虫枝，防止病虫害的危害和蔓延（图40）。

图40　疏剪前后

（左疏剪前，右疏剪后）

（3）缩剪 把二年生以上的枝蔓剪去一段留一段的剪枝方法，称为缩剪。主要作用有更新转势，剪去前一段老枝留下后面新枝，使其处于优势部位；防止结果部位的扩大和外移；具有疏除密枝，改善光照作用；如缩剪大枝尚有均衡树势的作用（图41）。

图41　缩剪前后

（左缩剪前，右缩剪后）

（4）枝蔓的更新

①结果母枝更新。结果母枝更新的目的在于避免结果部位逐年上升外移和造成下部光秃。修剪手法有：

a. 双枝更新。结果母枝按所需要长度剪截，将其下面邻近的成熟新梢留2芽短剪，作为预备枝。预备枝在翌年冬季修剪时，上一枝留作新的结果母枝，下一枝再行极短截，使其形成新的预备枝；原结果母枝于当年冬剪时被回缩掉，以后逐年采用这种方法依次进行。双枝更新要注意预备枝和结果母枝的选留，结果母枝一定要选留那些发育健壮充实的枝条，而预备枝应处于结果母枝下部，以免结果部位外移（图42）。

图42　双枝更新修剪

（基部枝短梢修剪，上部枝中、长梢修剪）

b. 单枝更新。冬季修剪时不留预备枝，只留结果母枝。翌年萌芽后，选择下部良好的新梢，培养为结果母枝，冬季修剪时仅剪留枝条的下部。单枝更新的母枝剪留不能过长，一般应采取短梢修剪，不使结果部位外移（图43）。

图43　单枝更新修剪

②多年生枝蔓的更新。经过年年修剪，多年生枝蔓上的"疙瘩""伤疤"增多，影响输导组织的畅通；另外对于过分轻剪的葡萄园，下部出现光秃，结果部位外移，造成新梢细弱，果穗果粒变小，产量及品质下降，遇到这种情况就需对一些大的主蔓或侧枝进行更新。

a. 大更新。凡是从基部除去主蔓进行更新的称为大更新。在大更新以前，必须积极培养从地表发出的萌蘖或从主蔓基部发出的新枝，使其成为新蔓，当新蔓足以代替老蔓时，即可将老蔓除去。

b. 小更新。对侧蔓的更新称为小更新。一般在肥水管理差的情况下，侧蔓4～5年需要更新一次，一般采用回缩修剪的方法。

2. 夏季修剪　夏季修剪是指萌芽后至落叶前的整个生长期内所进行的修剪。修剪的任务是调节树体养分分配，确定合理的新梢负载量与果穗负载量，使养分能充足供应果实；调控新梢生长，维持合理的叶幕结构，保证植株通风透光；平衡营养与生殖生长，既能促进开花坐果，提高果实的质量和产量，又能培育充实健壮、花芽分化良好的枝蔓；使植株便于田间管理与病虫害防治。

（1）抹芽和定梢及新梢绑缚　抹芽和疏梢是葡萄夏季修剪的第一项工作，根据葡萄种类、品种萌芽特性、抽枝能力、长势强弱、叶片大小等进行。春季萌芽后，新梢长至3～4厘米时，每3～5天分期分批抹去多余的双芽、三生芽、弱芽和面地芽等；当芽眼生长至10厘米时，基本已显现花序时或五叶一心期后陆续抹除多余的枝如过密枝、细弱枝、面地枝和外围无花枝等；当新梢长至

40厘米左右时，根据栽培架式，保留结果母枝上由主芽萌发的带有花序的健壮新梢，而将副芽萌生的新梢除去，在植株主干附近或结果枝组基部保留一定比例的营养枝，以培养翌年结果母枝，同时保证当年葡萄负载量所需的光合面积。中国农业科学院果树研究所多年科研攻关，结果表明：在设施葡萄生产中，叶面积指数以3.0左右最为适宜，此时叶幕的光能截获率及光能利用率高，净光合速率最高，果实产量和品质最佳。在土壤贫瘠条件下或生长势弱的品种，每亩留梢量4 000 ～ 6 000条时叶面积指数在3.0左右；生长势强旺、叶片较大的品种或在土壤肥沃、肥水充足的条件下，每个新梢需要较大的生长空间及较多的主梢和副梢叶片生长，每亩留梢量3 000 ～ 4 000条时叶面积指数在3.0左右。定梢结束后及时进行新梢绑蔓，使得葡萄架面新梢分布均匀，通风透光良好（图44至图46）。

图44　抹芽前后
（左抹芽前，右抹芽后）

图45　疏梢前后
（左疏梢前，右疏梢后）

图46　新梢留量适宜

（叶面积指数3.0左右）

　　中国农业科学院果树研究所为提高定梢和新梢绑缚效果及效率，提出了定梢绳定梢及新梢绑缚技术，具体操作为：首先将定梢绳（一般为抗老化尼龙绳）按照新梢适宜间距绑缚固定到铁线上，其中固定主蔓铁线位置定梢绳为死扣，固定新梢铁线位置定梢绳为活扣，便于新梢冬剪；然后于新梢显现花序时根据定梢绳定梢，每一定梢绳留一新梢，多余新梢疏除；待新梢长至50厘米左右时将所留新梢缠绕固定到定梢绳上，使新梢在架面上分布均匀（图47）。

图47　定梢绳定梢及新梢绑缚

（新梢分布及地面光斑均匀，通风透风）

（2）主梢模式化修剪（图48）

①坐果率低需促进坐果的品种。中国农业科学院果树研究所研究表明：对于坐果率低需促进坐果的品种如夏黑无核和巨峰等巨峰系品种（图49），与一次成梢和三次成梢技术相比，主

图48 主梢模式化修剪

梢采取两次成梢技术效果最佳。具体操作：在开花前7～10天沿第一道铁丝（新梢长60～70厘米时）对主梢进行第一次统一剪截，待坐果后主梢长至120～150厘米时，沿第二道铁线对主梢进行第二次统一剪截。

②坐果率高需适度落果的品种。中国农业科学院果树研究所研究表明：对于坐果率高，需适度落果的品种如红地球和87-1等欧亚种品种，与两次成梢和三次成梢技术相比，主梢采取一次成梢技术效果最佳。具体操作：在坐果后待主梢长至120～150厘米时，沿第二道铁丝对主梢进行统一剪截。

图49 巨峰主梢模式化修剪效果对比

（两次成梢品质优）

（3）副梢模式化修剪 无论是巨峰等欧美杂种还是红地球等欧亚种：副梢全去除、留1叶绝后摘心（图50）、留2叶绝后摘心和副梢不摘心4处理相比，副梢留1叶绝后摘心品质最佳（图51）。具体操作：待副梢生长至展

图50　副梢留1叶绝后摘心

3～4片叶时于副梢第一节节位上方1厘米处剪截，待第一节节位二次副梢和冬芽萌动时将其抹除，最终副梢仅保留1片叶。

图51　副梢模式化修剪效果对比

（4）副梢化控免修剪 随着烯效唑使用浓度的增大，葡萄新梢节间变短程度加大，新梢长势和副梢萌发受抑制越明显，以花前5～7天开始每10～15天喷施一次，连喷3次200～500毫克/升烯效唑效果最佳，具体喷施浓度因品种而异（图52）。

图52　副梢化控免修剪

（5）环割（剥） 于开花前后对主蔓或结果母枝基部环割或环剥可显著提高坐果率，增加单粒重；于果实着色前环割或环剥可显著促进果实成熟并改善果实品质（图53、图54）。

图53 环 剥 图54 环 割

（6）扭梢 对新梢基部进行扭梢可显著抑制新梢旺长，于开花前进行扭梢可显著提高葡萄坐果率，于幼果发育期进行扭梢可促进花芽分化并促进果实成熟和改善果实品质（图55）。

（7）除卷须和摘老叶 卷须是葡萄借以附着攀缘的器

图55 扭 梢

官，在生产栽培条件下卷须对葡萄生长发育作用不大，反而会消耗营养，缠绕给枝蔓管理带来不便，应该及时剪除。葡萄叶片生长有缓慢到快速再到缓慢的过程，呈S形曲线。葡萄成熟前为促进上色，可将果穗附近的2～3片老叶摘除，以利光照，但不宜过早，以采收前10天为宜。长势弱的树体不宜摘叶（图56、图57）。

图56 除卷须（左除卷须前，右除卷须后）

图57 去老叶

五、肥水高效利用

（一）肥料高效利用

1. 基肥　基肥又称底肥，以有机肥料为主，同时加入适量的化肥。

（1）施用时期与肥料种类　对于非耐弱光品种如巨峰和夏黑无核等需更新修剪的品种一般在果实采收且更新修剪后施入基肥，以牛、羊粪等优质腐熟农家肥或生物有机肥为主并加入适量氮肥如尿素等；对于耐弱光品种如87-1和华葡紫峰等不需更新修剪的品种一般在果实采收后施入基肥，以牛、羊粪为主并加入适量钙、钾、硼、锌等肥料。中国农业科学院果树研究所研究表明：猪粪、羊粪和生物有机肥三者相比较，生物有机肥显著改善葡萄的果实品质，羊粪效果其次，猪粪改善葡萄果实品质的效果最差。此外，考虑到抗生素和重金属残留问题，建议基肥施用时最好施用羊粪或以羊粪为原料制成的生物有机肥。

（2）施用量及方法　施用量根据当地土壤情况、树龄、结果量等情况而定，一般果肥质量比为1：2，即每亩产量1 500千克需施入优质腐熟有机肥3 000千克。基肥施用多采用沟施或穴施。

一般每2年一次，最好每年一次，施肥沟距主干30～40厘米。

2. 追肥

（1）设施葡萄矿质营养吸收特点及施肥原则　经多年科研攻关，中国农业科学院果树研究所研究发现，设施葡萄栽培具有如下特点：土壤温度低，根系吸收功能下降，导致根系对氮、磷、钾、钙、镁、硫、铁、锰、铜、锌、钼、硼等矿质元素的吸收效率低；叶片大而薄、气孔密度低，空气湿度高，蒸腾作用弱，矿质元素的主要运输动力——蒸腾拉力小，导致植株体内矿质元素的运输效率低。因此，设施葡萄对矿质营养的吸收利用率低于露地葡萄，容易出现缺素症状。为此，中国农业科学院果树研究所提出了"减少土壤施肥、强化叶面喷肥、重视微肥施用"的设施葡萄施肥三原则并研发出葡萄全营养配方肥和叶面肥，葡萄全营养配方肥分为幼树阶段和结果阶段不同的配方肥，其中幼树阶段配方肥分为幼树1号（生长前期，促长整形）和幼树2号（生长后期，控旺促花），结果阶段配方肥分为结果树1～5号。

（2）土壤追肥　追肥又称补肥，在生长期进行，以促进植株生长和果实发育，以化肥为主。一般情况下，每生产1 000千克果实，葡萄树全年需要从土壤中吸收6～10千克的氮（N，利用率30%左右）、3～5千克的磷（P_2O_5，利用率40%左右）、6～12千克的钾（K_2O，利用率50%左右）、6～12千克的钙（CaO，利用率40%左右）和0.6～1.8千克的镁（MgO，利用率40%左右）。

①萌芽前。此期施用葡萄全营养配方肥的结果树1号肥，主要补充基肥不足，以促进发芽整齐、新梢和花序发育。埋土防寒设施葡萄促早栽培在上架整畦后、不埋土防寒设施葡萄促早栽培在萌芽前半月进行追肥，追肥后立即灌水。追肥时注意不要碰伤枝蔓，以免引起过多伤流，浪费树体贮藏营养。对于上年已经施入足量基肥的园片本次追肥不需进行。萌芽前后吸收的氮、磷、钾、钙和镁分别占全年吸收量的14%、16%、15%、10%和10%。

②花前。萌芽、开花、坐果需要消耗大量营养物质。但在早春，根系吸收能力差，主要消耗贮藏养分。若树体营养水平较低，

此时氮肥供应不足，会导致大量落花落果，影响营养生长，对树体不利，故生产上应注意这次施肥，此期施用葡萄全营养配方肥的结果树2号肥。对落花落果严重的品种如巨峰系品种花前一般不宜施入氮肥。若树势旺，基肥施入数量充足时，花前追肥可推迟至花后。开花前后及花期吸收的氮、磷、钾、钙和镁分别占全年吸收量的14%、16%、11%、14%和12%。

③花后。花后幼果和新梢均迅速生长，需要大量的氮素营养，施肥可促进新梢正常生长，扩大叶面积，提高光合效能，利于糖类和蛋白质的形成，减少生理落果。花前和花后肥相互补充，如花前已经追肥，花后不必追肥。

④幼果生长期。幼果生长期是葡萄需肥的临界期。及时追肥不仅能促进幼果迅速发育，而且对当年花芽分化、枝叶和根系生长有良好的促进作用，对提高葡萄产量和品质亦有重要作用。此次追肥施用葡萄全营养配方肥的结果树3号肥。对于长势过旺的树体或品种此次追肥注意控制氮肥的施用。幼果生长期吸收的氮、磷、钾、钙和镁分别占全年吸收量的38%、40%、50%、46%和43%。

⑤果实着色前和采后。这次追肥主要解决果实发育和花芽分化的矛盾，而且显著促进果实糖分积累和枝条正常老熟，此次追肥施用葡萄全营养配方肥的结果树4号肥。对于晚熟品种此次追肥可与基肥结合进行。果实转色至成熟不施氮肥和磷肥，吸收的钾、钙和镁分别占全年吸收量的9%、8%和13%。果实采收后秋施基肥，此次追肥施用葡萄全营养配方肥的结果树5号肥，吸收的氮、磷、钾、钙和镁分别占全年吸收量的34%、28%、15%、22%和22%。

⑥更新修剪后。对于非耐弱光品种如巨峰和夏黑无核等需更新修剪的品种，在平茬（重短截）、断根并施用基肥后，待新梢长至20厘米左右时，施用葡萄全营养配方肥的幼树1号肥；待新梢长至80厘米左右时，施用葡萄全营养配方肥的幼树2号肥。

⑦注意事项。硼肥以花前1周、幼果发育期和果实采收后三个时期喷施为宜，其中秋季喷施或土施效果最佳；锌肥以盛花前2周

到坐果期、秋季落叶前两个时期喷施或土施为宜。葡萄是忌氯作物，切忌施用含氯化肥，否则会造成氯离子中毒。

（3）根外追肥　根外追肥又称叶面喷肥，是将肥料溶于水中，稀释到一定浓度后直接喷于植株上，通过叶片、嫩梢和幼果等吸收进入体内。主要优点是经济、省工、肥效快、可迅速克服缺素症状。对于提高果实产量和改进品质有显著效果。但是根外追肥不能代替土壤施肥，两者各有特点，只有以土壤施肥为主、根外追肥为辅，相互补充，才能发挥施肥的最大效益。根外追肥要注意天气变化。夏天炎热，温度过高，宜在上午10时前和下午4时后进行，以免喷施后水分蒸发过快，影响叶面吸收和发生肥害；雨前也不宜喷施，免使肥料流失。

中国农业科学院果树研究所经多年研究攻关，根据葡萄营养的吸收运转规律，研制出系列含氨基酸水溶性叶面肥，获得2项国家发明专利（ZL201010199145.0和ZL201310608398.2）并批量生产，在第十六届中国国际高新技术成果交易会上被评为优秀产品奖。

①含氨基酸水溶肥料的施用效果。多年多点示范推广效果表明，喷施中国农业科学院果树研究所研发的氨基酸系列叶面肥，可显著改善葡萄的叶片质量，表现为叶片增厚，比叶重增加，栅栏组织和海绵组织增厚，栅海比增大；叶绿素a、叶绿素b和总叶绿素含量增加；同时提高叶片净光合速率，延缓叶片衰老；改善葡萄的果实品质，果粒大小、单粒重及可溶性固形物含量、维生素C含量和超氧化物歧化酶（SOD酶）活性明显增加，使果粒表面光洁度明显提高，并显著提高果实成熟的一致性；显著提高葡萄枝条的成熟度，改善葡萄植株的越冬性；同时显著提高叶片的抗病性（图58）。

②含氨基酸水溶肥料的施用方法。葡萄对矿质营养的需求随生育期的不同而变化，因此在葡萄不同的生长发育阶段需喷施配方不同的叶面肥。具体操作：展3～4片叶开始至花前10天每7～10天喷施一次800～1 000倍液的含氨基酸的氨基酸1号叶面

肥，以提高叶片质量；花前10天和2～3天各喷施一次600～800倍液的含氨基酸硼的氨基酸2号叶面肥，以提高坐果率；坐果至果实转色前每7～10天喷施一次600～800倍液的含氨基酸钙的氨基酸4号叶面肥，以提高果实硬度；果实转色后至果实采收前，每5～10天喷施一次600～800倍液的含氨基酸钾的氨基酸5号叶面肥。果实采收后，对于非耐弱光品种如巨峰和夏黑无核等需更新修剪的品种，在平茬（重短截）、断根并施用基肥后，待新梢长至20厘米左右时，每7～10天喷施一次800～1 000倍液的含氨基酸的氨基酸1号叶面肥；待新梢长至80厘米左右时，每7～10天交替喷施一次含氨基酸硼的氨基酸2号叶面肥和含氨基酸钾的

氨基酸5号叶面肥600～800倍液。对于耐弱光品种如87-1、华葡紫峰等品种，每7～10天交替喷施一次600～800倍液的含氨基酸硼的氨基酸2号叶面肥和含氨基酸钾的氨基酸5号叶面肥。

图58 含氨基酸水溶肥料的施用效果
（上、左为施用效果，中、右为对照）

（4）矿质元素缺乏和过剩症状

①氮。

a.缺乏症状。植株生长受阻，叶片失绿黄化，叶柄和穗轴及新梢呈粉红或红色等。氮在植物体内移动性强，可从老龄组织中转移至幼嫩组织中，因此老叶先开始褪绿，逐渐向上部叶片发展，新叶小而薄，呈黄绿色，易早落、早衰；花、芽及果实均少，产量低（图59）。

图59　缺　氮

b.过剩症状。枝梢旺长，叶色深绿，严重者叶缘现白盐状斑，叶片水渍状、变褐，果实成熟期推迟，果实着色差、风味淡，严重者导致早期穗轴坏死和后期穗轴坏死（"水罐子"病）及春热病［腐胺（丁二胺）积累，暖后冷凉，拟缺钾］的发生（图60）。

②磷。

a.缺乏症状。叶小，叶色暗绿，红色和紫色品种有时叶柄及背面叶脉呈紫色或紫红色。黄色或绿色品种则从老叶开始，叶缘先变为金黄色，然后变成褐色，继而失绿，叶片坏死干枯。易落花，

图60　氮过量
（"水罐子"病）

果实发育不良，果实成熟期推迟，产量低。缺磷对生殖生长的影响早于营养生长的表现。

b.过剩症状。磷素过多抑制氮、钾的吸收，并使土壤中或植物体内的铁不能活化，使植株生长不良，叶片黄化，产量降低，还能引起锌不足（图61）。

图61 缺 磷

（右图红色和紫色品种，左图黄色或绿色品种）

③钾。

a. 缺乏症状。缺钾时，常引起糖类和氮代谢紊乱，蛋白质合成受阻，植株抗病力降低。早期症状为正在发育的枝条中部叶片叶缘失绿，绿色葡萄品种的叶片颜色变为灰白或黄绿色，而黑色葡萄品种的叶片则呈红色至古铜色，并逐渐向脉间伸展，继而叶向上或向下卷曲。严重缺钾时，老叶出现许多坏死斑点，叶缘枯焦、发脆、早落；果实小，穗紧，成熟度不整齐；浆果含糖量低，着色不良，风味差。

b. 过剩症状。钾过剩阻碍植株对镁、锰和锌的吸收而出现缺镁、锰或缺锌等症状（图62）。

图62 缺 钾

④钙。

a. 缺乏症状。缺钙使葡萄果实硬度下降，贮藏性变差。缺钙影响氮的代谢或营养物质的运输，不利于铵态氮吸收，使蛋白质分解过程中产生的草酸不能很好地被中和而对植物产生伤害。新根短粗、弯曲，尖端不久褐变枯死，叶片变小，严重时枝条枯死，花朵萎缩。叶呈淡绿色，幼叶脉间及边缘褪绿，脉间有灰褐色斑点，继而边缘出现针头大的坏死斑，茎蔓先端枯死。新梢嫩叶上形成褪绿斑，叶尖及叶缘向下卷曲，几天后褪绿部分变成暗褐色，并形成枯斑（图63）。

b. 过剩症状。钙素过多，土壤偏碱而板结，使铁、锰、锌、硼等成为不溶性，导致果树缺素症的发生。

图63　缺　钙

⑤镁。

a. 缺乏症状。缺镁叶片脉间变为黄色，进而成褐色，但叶脉仍保持绿色，呈网状失绿叶，严重时黄化区逐渐坏死，叶片早期脱落。缺镁严重时叶片有枯焦，但叶片较完整。缺镁症状一般从老叶开始，逐渐向上延伸（图64）。

b. 过剩症状。镁素过多引起其他元素如钙和钾的缺乏。

图64 缺 镁

⑥硼。

a. 缺乏症状。新梢顶端叶片边缘出现淡黄色水渍状斑点，以后可能坏死，幼叶畸形，叶肉皱缩，节间短，卷须出现坏死。老叶肥厚，向背反卷。严重缺硼时，主干顶端生长点坏死，并出现小的侧枝，枝条脆，未成熟的枝条往往出现裂缝或组织损伤；花蕾不能正常开放，有时花冠干枯脱落，花帽枯萎依附在子房上，花粉败育，落花、落果严重，浆果成熟期不一致，小粒果多，果穗扭曲畸形，产量、品质降低；根系短而粗，肿胀并形成结（图65）。

b. 过剩症状。叶片边缘出现淡黄色水渍状斑点，以后可能坏死，向背反卷；叶肉皱缩，节间短，卷须出现坏死。

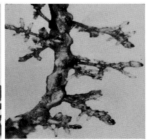

图65 缺 硼

⑦锌。缺锌枝条细弱，新梢叶小密生，节间短，顶端呈明显小叶丛生状，树势弱，叶脉间叶肉黄化，呈花叶状。严重缺锌时，枝条死亡，花芽分化不良，落花、落果严重，果穗和果实均小，果粒不整齐，无籽小果多，果实大小粒严重，产量显著下降（图66）。

图66 缺 锌

⑧铁。新梢叶片失绿，在同一病梢上的叶片，症状自下而上加重，甚至顶芽叶簇几乎漂白；叶脉常保持绿色，且与叶肉组织的界限清晰，形成鲜明的网状花纹，少有污斑杂色及破损。严重缺铁时，白化叶持续一段时间后，在叶缘附近也会出现烧灼状焦枯或叶面穿孔，提早脱落，呈枯梢状；坐果稀少甚至不坐果，果粒变小，色淡无味，品质低劣（图67）。

图67 缺 铁

⑨锰。

a.缺乏症状。缺锰新叶脉间失绿，呈淡绿色或淡黄绿色，叶脉仍保持绿色，但多为暗绿色，失绿部分有时会出现褐斑，严重时失绿部分呈苍白色，叶片变薄，提早脱落，形成秃枝或枯梢；根尖坏死；坐果率降低，果实畸形，果实成熟不均匀等（图68）。

b.过剩症状。功能叶叶缘失绿黄化甚至焦枯，呈棕色至黑褐色，提早脱落。

图68　缺　锰

⑩氯中毒。叶面受害植株叶片边缘先失绿，进而变成淡褐色，并逐渐扩大到整叶，过1～2周开始落叶，先叶片脱落，进而叶柄脱落，受害严重时，造成整株落叶。随着果穗萎蔫，青果转为紫褐色后脱落，新梢枯萎，新梢上抽生的副梢也受害，引起落叶、枯萎，最终引起整株枯死（图69）。

图69　氯中毒

（二）水分高效利用

1. 灌溉时期及灌溉量 设施葡萄促早栽培，由于塑料薄膜的覆盖，隔绝了外界降水，因此，需要根据设施葡萄的需水规律进行灌溉。设施葡萄从萌芽至开花对水分的需求量逐渐增加，开花后至开始成熟前是需水最多的时期，幼果第一次迅速膨大期对水分胁迫最为敏感，进入成熟期后，对水分需求少、变缓。适宜的灌水量，应在一次灌水中使葡萄根系集中分布范围内的土壤湿度达到最有利于生长发育的程度，一般以湿润40厘米以上土层即可，过深不仅会浪费水资源，而且影响地温的回升。多次只浸润表层的浅灌，既不能满足根系对水分的需要，又容易引起土壤板结和温度降低，因此要一次灌透（图70）。

（1）催芽水（萌芽至新梢生长） 正是葡萄开始生长和花序原基继续分化的时期，及时灌水可促进萌芽整齐和新梢健壮生长。萌芽前10天左右，结合追肥而灌一次水，此期使土壤湿度保持在田间最大持水量的65%～75%为宜。

（2）促花水（花期至坐果） 葡萄的需水临界期。如水分不足或过多，常使幼果脱落，严重时导致根毛死亡，产量显著下降。花前最后一次灌水不应迟于始花前1周，土壤湿度宜保持在田间最大持水量的60%～70%。这次水要灌透，使土壤水分能保持到坐果稳定后。对坐果过多的品种，花期灌水或适度干旱可起到疏果作用。

（3）幼果生长期（坐果至果实软化、转色） 此期既是果实迅速膨大期，又是花芽大量分化期，及时灌水对果树发育和花芽分化有重要意义。土壤湿度宜保持在田间最大持水量的70%左右，保持新梢梢尖呈直立生长状态为宜。

（4）果实转色成熟期（果实软化、转色至成熟） 土壤湿度宜保持在田间最大持水量的55%～65%，此期维持基部叶片颜色略微变浅为宜，待果穗尖部果粒比上部果粒软时需要及时灌水，最迟穗尖果梗表面出现轻微坏死斑即开始灌溉，切忌穗尖出现不可逆的干旱伤害，一般于采前15 ~ 20天停止灌水。

（5）采果后　采果后结合施基肥适当灌水，有利于根系吸收和恢复树势，并增强后期光合作用。冬季土壤冻结前，必须灌一次透水，冬灌不仅能保证植株安全越冬，同时对下年生长结果也十分有利。

梢尖弯曲，水分供应充足　　梢尖直立，水分胁迫适度　　梢尖停长干枯，水分胁迫过度

基部老叶绿色变淡，黄化老叶出现轻微坏死斑　　穗尖果梗表面出现轻微坏死斑　　水分胁迫过度，穗尖果梗干枯坏死

图70　灌溉的植物学标准

2. 节水灌溉技术

（1）沟灌　沟灌是目前生产中采用最多的一种灌溉方式，即顺行向做灌水沟，通过管道将水引入浇灌。沟灌时的水沟宽度一般为0.6～1.0米。与漫灌相比，可节水30%左右。

（2）滴灌　滴灌是通过特制滴头点滴的方式，将水缓慢的送到作物根部的灌水形式。滴灌的应用从根本上改变了灌溉的概念，从原来的"浇地"变为"浇树、浇根"。滴灌可明显减少逐渐蒸发损失，避免地面径流和深层渗漏，可节水、保墒、防止土壤盐渍化，而且不受地形影响，适应性广。滴灌具有如下优点：

①节水，提高水的利用率。传统的地面灌溉需水量极大，而真正被作物吸收利用的量却不足总供水量的50%，这对缺水的我国大部分地区无疑是资源的巨大浪费，而滴灌的水分利用率却高达90%左右，可节约大量水分。

②减小果园空气湿度，减少病虫发生。采用滴灌后，果园的地面蒸发大大降低，果园内的空气湿度与地面灌溉园相比会显著下降，减轻了病虫害的发生和蔓延。

③提高劳动生产率。在滴灌系统中有施肥装置，可将肥料随灌溉水直接送入葡萄植株根部，减少了施肥用工，并且肥效提高，节约肥料。

④降低生产成本。由于减少果园灌溉用工，实现了果园灌溉的自动化，从而使生产成本下降。

⑤适应性强。滴灌不用平整土地，灌水速度可快可慢，不会产生地面径流或深层渗漏，适用于任何地形和土壤类型。如果滴灌与覆盖栽培相结合，效果更佳（图71、图72）。

图71　滴　灌

图72　水肥一体化
（左图配肥站，右图文丘里施肥器）

　　（3）微喷灌　为了克服滴灌设施造价高且滴灌带容易堵塞的问题，同时又要达到节水的目的，我国独创了微喷灌的灌溉形式。微喷灌即将滴灌带换为微喷灌带即可，而且对水的干净程度要求较低，不易堵塞微喷口。微喷灌带即在灌溉水带上均匀打眼即成微喷灌带。但微喷灌带能够均匀灌溉的长度不如滴灌带长。

　　（4）根系分区交替灌溉　根系分区交替灌溉是在植物某些生育期或全部生育期交替对部分根区进行正常灌溉，其余根区则受到人为的水分胁迫的灌溉方式，刺激根系吸收补偿功能，调节气孔保持最适开度，达到以不牺牲光合产物积累、减少奢侈蒸腾而节水、高产、优质的目的。中国农业科学院果树研究所试验结果表明：根系分区交替灌溉可以有效控制营养生长，修剪量下降，显著降低用工量；同时显著改善果实品质；显著提高水分和肥料利用率，与全根区灌溉相比，根系分区交替灌溉可节水30%～40%。该灌溉方法与覆盖栽培、滴灌或

图73　根系分区交替灌溉

微喷灌相结合效果更佳（图73）。

从降低设施葡萄促早栽培空气湿度和提高水分利用效率考虑，我们建议采用地膜覆盖、膜下灌溉的方法。

3. 排水　葡萄在雨量大的地区，如土壤水分过多，会引起枝蔓徒长，延迟果实成熟，降低果实品质，严重的会造成根系缺氧，抑制呼吸，引起植株死亡。因此，在果园设计时应安排好果园排水系统。排水沟应与道路建设、防风林设计等相结合，一般在主干路的一侧，与园外的总排水干渠相连接，在小区的作业道一侧设有排水支渠。如果条件允许，排水沟以暗沟为好，可方便田间作业，但在雨季应及时打开排水口，及时排水。

（三）无土栽培

1. 无土栽培的概念　无土栽培是指不用土壤而用基质（珍珠岩、蛭石、草炭等）固定植株，以营养液灌溉提供作物养分需求的栽培方法。由于无土栽培可人工创造良好的根际环境以取代土壤环境，有效防止土壤连作病害及土壤盐分积累造成的生理障碍，而且可实现非耕地（如戈壁、沙漠、盐碱地等）的高效利用和满足阳台、楼顶等都市农业的需求；同时，根据作物不同生育阶段对各矿质养分需求的不同更换营养液配方，使营养供给充分满足作物对矿质营养、水分、气体等环境条件的需要，栽培用的基本材料又可以循环利用，因此具有节水、省肥、环保、高效、优质等特点。

中国农业科学院果树研究所经过多年科研攻关，使中国成为世界上第一个葡萄无土栽培取得成功的国家。在对葡萄矿质营养年吸收运转规律研究的基础上，研发出配套无土栽培设备，筛选出设施无土栽培适宜品种（87-1和京蜜最佳，其次是夏黑和金手指），研制出无土栽培营养液，制定出葡萄无土栽培技术规程（图74）。

图74　葡萄无土栽培应用实例

（地点为辽宁兴城中国农业科学院果树研究所葡萄核心技术试验示范园）

2. 无土栽培的操作

（1）无土栽培营养液的种类与配制　无土栽培营养液分为幼树营养液和结果树营养液两种，幼树营养液包括1号营养液和2号营养液，结果树营养液包括1 ~ 5号营养液，每种均分为A、B、C、D 4个组分。营养液配制方法，A、B、C、D均需单独溶解（先溶解B，溶解完全后加入A溶解；充分溶解C后，加入D；最后将AB溶解液和CD溶解液混匀即可），充分溶解后混匀，切记不能直接混合溶解，会出现沉淀，影响肥效。不同品种的浓度需求不同，每份营养液87-1和京蜜需用水150升溶解，夏黑和金手指用水75升溶解。在配制营养液时，首先用硝酸或氢氧化钠将水的pH调至6.5 ~ 7.0为宜。

（2）幼树营养液使用说明

①育壮期。定植后开始，前期育壮（幼树1号）：萌芽前及初期30天更换一次营养液，新梢开始生长每20天更换一次营养液，一般更换5次营养液。萌芽前1～3天循环一次营养液，萌芽后3～5天循环一次营养液。

②促花期。促花期开始（幼树2号），每20天更换一次营养液，一般更换4次营养液，每3～5天循环一次营养液；落叶期开始营养液不再更换，每5～7天循环一次营养液，切忌设施内营养液温度低于0℃结冰。

（3）结果树营养液使用说明

①只生产一次果（一年一收栽培模式）的使用说明。

a. 萌芽前至花前。结果树1号营养液一般更换2次，萌芽前及萌芽初期每3天循环一次营养液，新梢开始生长至花前每3～5天循环一次营养液。

b. 花期。结果树2号营养液一般配制1次，每3～5天循环一次营养液。

c. 幼果发育期。结果树3号营养液一般更换3次，每1～3天循环一次营养液。

d. 果实转色至成熟采收。结果树4号营养液一般配制1次，如此期超过20天需再更换一次4号营养液，一般每3～5天循环一次营养液，但对于易裂果品种如京蜜需1～2天循环一次营养液，采收前5天停止循环营养液。

e. 果实采收后至落叶。结果树5号营养液一般更换4次，每5～7天循环一次。

②生产两次果（一年两收栽培模式，仅适合耐弱光品种如87-1和京蜜等，非耐弱光品种不能生产两次果）的使用说明。前期（升温至果实采收结束）同只生产一次果（一年一收栽培模式）的使用说明；后期二次果生产：果实采收后1周留6个饱满冬芽修剪（剪口芽叶片和所有节位副梢去除，剪口芽涂抹4倍液中国农业科学院果树研究所研发的破眠剂1号），开始二次果生产。

a. 萌芽前至花前。结果树1号营养液一般配制1次，萌芽前及萌芽初期每3天循环一次营养液，新梢开始生长至花前每3～5天循环一次营养液。

b. 花期。结果树2号营养液一般配制1次，每3～5天循环一次营养液。

c. 幼果发育期。结果树3号营养液一般更换3次，每1～3天循环一次营养液。

d. 果实转色至成熟采收。结果树4号营养液一般配制1次，如配制液超过20天需再更换一次4号营养液，每3～5天循环一次营养液，但对于易裂果品种如京蜜需1～2天循环一次营养液，采收前5天停止循环营养液。

e. 果实采收后至落叶。结果树5号营养液一般更换1～2次，每5～7天循环一次。

（4）盆栽无土栽培使用说明　营养液配制与上述幼树和结果树营养液使用相同，只是营养液循环次数改为一天3次。

（5）注意事项　温度高水分蒸腾快时酌情缩短营养液循环间隔时间，在营养液使用期内若发现水分损失过快，需适当添加水分，防止营养液浓度过高出现肥害。

六、休眠调控

（一）促进休眠解除

在设施葡萄促早栽培中，葡萄进入深休眠后，只有休眠解除即满足品种的需冷量才能开始加温，否则过早加温会引起不萌芽，或萌芽延迟且不整齐，而且新梢生长不一致，花序退化，浆果产量和品质下降等问题。因此，在促早栽培中，我们常采取一定措施，使葡萄休眠提前解除，以便提早扣棚升温进行促早生产，在生产中常采用人工集中预冷、带叶休眠等物理措施和施用石灰氮、单氰胺破眠剂化学措施等系列人工破眠技术措施达到这一目的。

1. 设施葡萄常用估算模型和常用品种的需冷量 葡萄解除内休眠（又称生理休眠、自然休眠）所需的有效低温时数或单位数称为葡萄的需冷量，即有效低温累积起始之日始至生理休眠解除之日止时间段内的有效低温累积。对于葡萄需冷量的度量一直备受人们关注，目前的需冷量估算模型主要是物候学模型而不是生态生理学模型，没有以休眠的生理进程为基础，所以它们确定休眠解除日期的准确性受限于特定的环境条件，以估算出的需冷量值年际间差值最小的估算模型为该环境条件下的最佳需冷量估算模型。

（1）常用估算模型

①低于7.2℃模型。

a. 低温累积起始日期的确定。以深秋初冬日平均温度稳定通过7.2℃的日期为有效低温累积的起始日期，常用五日滑动平均值法确定。

b. 统计计算标准。以打破生理休眠所需的≤7.2℃低温累积小时数作为品种的需冷量，≤7.2℃低温累积1小时记为1h，单位为h。

②0～7.2℃模型。

a. 低温累积起始日期的确定。以深秋初冬日平均温度稳定通过7.2℃的日期为有效低温累积的起始日期，常用五日滑动平均值法确定。

b. 统计计算标准。以打破生理休眠所需的0～7.2℃低温累积小时数作为品种的需冷量，0～7.2℃低温累积1小时记为1h，单位为h。

③犹他模型。

a. 低温累积起始日期的确定。以深秋初冬负累积低温单位绝对值达到最大值时的日期即日低温单位累积为零左右时的日期为有效低温累积的起点。

b. 统计计算标准。不同温度的加权效应值不同，规定对破眠效率最高的最适冷温1个小时为1个冷温单位，而偏离适期适温的对破眠效率下降甚至具有副作用的温度其冷温单位小于1或为负值，单位为C·U。换算关系如下：2.5～9.1℃打破休眠最有效，该温度范围内1小时为一个冷温单位（1 C·U）；1.5～2.4℃及9.2～12.4℃只有半效作用，该温度范围内1小时相当于0.5个冷温单位；低于1.4℃或12.5～15.9℃则无效，该温度范围内1小时相当于0个冷温单位；16～18℃低温效应被部分抵消，该温度范围内1小时相当于–0.5个冷温单位；18.1～21℃低温效应被完全抵消，该温度范围内1小时相当于–1个冷温单位；21.1～23.0℃温度范围内1小时相当于–2个冷温单位。

中国农业科学院果树研究所研究表明：在采取三段式温度管理人工集中预冷带叶休眠技术的条件下，低于7.2℃模型、0～7.2℃模型和犹他模型相比较而言，0～7.2℃模型为需冷量的最佳估算模型。

（2）设施葡萄常用品种的需冷量　见表4。

表4　不同需冷量估算模型估算的不同品种群品种的需冷量

品种及品种群	0~7.2℃模型（小时）	≤7.2℃模型（小时）	犹他模型（C·U）	品种及品种群	0~7.2℃模型（小时）	≤7.2℃模型（小时）	犹他模型（C·U）
87-1（欧亚）	573	573	917	布朗无核（欧美）	573	573	917
红香妃（欧亚）	573	573	917	莎巴珍珠（欧亚）	573	573	917
京秀（欧亚）	645	645	985	香妃（欧亚）	645	645	985
8612（欧美）	717	717	1 046	奥古斯特（欧亚）	717	717	1 046
奥迪亚无核（欧亚）	717	717	1 046	藤稔（欧美）	756	958	859
红地球（欧亚）	762	762	1 036	粉红亚都蜜（欧亚）	781	1 030	877
火焰无核（欧亚）	781	1 030	877	红旗特早玫瑰（欧亚）	804	1 102	926
巨玫瑰（欧美）	804	1 102	926	巨峰（欧美）	844	1 246	953

（续）

品种及品种群	0~7.2℃模型（小时）	≤7.2℃模型（小时）	犹他模型（C·U）	品种及品种群	0~7.2℃模型（小时）	≤7.2℃模型（小时）	犹他模型（C·U）
红双味（欧美）	857	861	1 090	夏黑无核（欧美）	857	861	1 090
凤凰51（欧亚）	971	1 005	1 090	优无核（欧亚）	971	1 005	1 090
火星无核（欧美）	971	1 005	1 090	无核早红（欧美）	971	1 005	1 090

2. 促进休眠解除的物理措施

（1）三段式温度管理人工集中预冷技术　利用夜间自然低温进行集中降温的预冷技术是目前生产上最常用的人工破眠措施，即当深秋初冬日平均气温稳定通过7~10℃时，进行扣棚并覆盖草苫。在传统人工集中预冷的基础上，中国农业科学院果树研究所创新性的提出三段式温度管理人工集中预冷技术，使休眠解除效率显著提高，休眠解除时间显著提前（图75）。具体操作如下：

①人工集中预冷前期（从覆盖草苫始到最低气温低于0℃止）。夜间揭开草苫并开启通风口，让冷空气进入，白天盖上草苫并关闭通风口，保持棚室内的低温。

前期
（白天覆盖保温材料，晚上揭开保温材料）

中期

（白天、晚上均覆盖保温材料）

后期

（白天揭开保温材料，晚上覆盖保温材料）

图75 三段式温度管理人工集中预冷

　　②人工集中预冷中期（从最低气温低于0℃始至白天大多数时间低于0℃止）。昼夜覆盖草苫，防止夜间温度过低。

　　③人工集中预冷后期（从白天大多数时间低于0℃始至开始升温止）。夜晚覆盖草苫，白天适当开启草苫，让设施内气温略有回升，升至7～10℃后覆盖草苫。

　　三段式温度管理人工集中预冷的调控标准：使设施内绝大部分时间气温维持在0～9℃，一方面使温室内温度保持在利于解除休眠的温度范围内，另一方面避免地温过低，以利于升温时气温与地温协调一致。

　　（2）带叶休眠技术　中国农业科学院果树研究所多年研究结果表明：在人工集中预冷过程中，与传统去叶休眠相比，采取带叶休眠的葡萄植株提前解除休眠，而且葡萄花芽质量显著改善。因此，在人工集中预冷过程中，一定要采取带叶休眠的措施，不应采取人工摘叶或化学去叶的方法，即在叶片未受霜冻伤害时扣棚，开始进行带叶休眠三段式温度管理人工集中预冷处理（图76、图77）。

图76　叶片被霜冻打坏

图77　带叶休眠
（叶片被霜冻打坏之前扣棚进行集中预冷，叶片自然脱落后冬剪）

3. 促进休眠解除的化学措施

（1）常用破眠剂（图78）

①石灰氮［Ca（CN）$_2$］。在使用时，一般是调成糊状进行涂芽或者经过清水浸泡后取高浓度的上清液进行喷施。石灰氮水溶液的配制：将粉末状药剂置于非铁容器中，加入4～10倍的温水（40℃左右），充分搅拌后静置4～6小时，然后取上清液备用。为提高石灰氮溶液的稳定性及其破眠效果，减少药害的发生，适当调整溶液的pH是一种简单可行的方法。在pH为8时，药剂表现出

稳定的破眠效果，而且贮存时间也可以相应延长，调整石灰氮的pH可用无机酸（如硫酸、盐酸和硝酸等）或有机酸（如醋酸等）。石灰氮打破葡萄休眠的有效浓度因处理时期和品种而异，一般情况下是1份石灰氮兑4～10份水。

刻伤处

图78　葡萄破眠剂的施用

②单氰胺（H_2CN_2）。一般认为单氰胺对葡萄的破眠效果比石灰氮更好。目前在葡萄生产中，主要采用经特殊工艺处理后含有50％有效成分（H_2CN_2）的稳定单氰胺水溶液，在室温下贮藏有效期很短，如在1.5～5.0℃条件下冷藏，有效期至少可以保持1年以上。单氰胺打破葡萄休眠的有效浓度因处理时期和品种而异，一般情况下是0.5％～3.0％。配制单氰胺水溶液时需要加入非离子型表面活性剂（一般按0.2％～0.4％的比例）。一般情况下，单氰胺不与其他农用药剂混用。

（2）专用破眠剂　在葡萄休眠解除机制研究的基础上，中国农业科学院果树研究所研制出破眠综合效果优于石灰氮和单氰胺的葡萄专用破眠剂——破眠剂1号并申请国家发明专利，破眠剂1号处理后葡萄的萌芽时间介于石灰氮和单氰胺处理之间，但萌发新梢健壮程度均优于石灰氮和单氰胺处理（图79）。

（3）注意事项

①施用时期。

a. 促进休眠解除。温带地区葡萄的冬促早或春促早栽培使休

左石灰氮，右破眠剂1号（巨峰）　　　　上石灰氮，下破眠剂1号（维多利亚）

左石灰氮，右破眠剂1号（夏黑）

图79　破眠剂1号的施用效果

眠提前解除，促芽提前萌发，需有效低温累积达到葡萄需冷量的
2/3 ~ 3/4时使用一次。亚热带和热带地区葡萄的露地栽培，为使芽
正常整齐萌发，需于萌芽前20 ~ 30天使用一次。施用时期过早，
需要破眠剂浓度大而且效果不好；施用时期过晚，容易出现药害。

　　b. 逆转休眠。葡萄的避眠栽培或两季生产（秋促早栽培），促
使冬芽当年萌发，需于花芽分化完成后至达到深度自然休眠前结
合剪梢、去叶等措施使用一次。

　　②施用效果。破眠剂解除葡萄芽内休眠使芽萌发后，新梢的
延长生长取决于处理时植株所处的生理阶段，处理时期不能过早，
过早葡萄芽萌发后新梢延长生长受限。

　　③施用时天气情况及空气和土壤湿度。破眠剂处理选择晴好天

气进行，气温以10～20℃最佳，低于5℃时取消处理。从破眠剂使用到萌芽期间的相对空气湿度保持在80%以上最佳，不能低于60%，否则严重影响使用效果。破眠剂使用后需要立即浇一遍透水。

④施用方法。直接喷施休眠枝条（务必喷施均匀周到）或直接涂抹休眠芽；如用刀片或锯条将休眠芽上方枝条刻伤后再使用破眠剂破眠效果将更佳。

⑤安全事项与贮藏保存。破眠剂均具有一定毒性，因此在处理或贮藏时应注意安全防护，要避免药液同皮肤直接接触，由于其具有较强的醇溶性，所以操作人员应注意在使用前后1天不可饮酒。放在儿童触摸不到的地方；于避光干燥处保存，不能与酸或碱放在一起。

4. 科学升温

（1）冬促早栽培　根据各品种需冷量确定升温时间，待需冷量满足后方可升温。葡萄的自然休眠期较长，一般自然休眠结束多在12月初至1月中下旬。如果过早升温，葡萄需冷量得不到满足，造成发芽迟缓且不整齐，卷须多，新梢生长不一致，花序退化，浆果产量降低、品质变劣。

（2）春促早栽培　春促早栽培升温时间主要根据设施保温能力确定，一般情况下扣棚升温时间应在当地露地栽培葡萄萌芽时间的基础上提前2个月左右。

（3）秋促早栽培　于早霜来临前升温，防止叶片受霜冻危害。

（二）促进休眠逆转

促进休眠逆转是秋促早栽培模式的关键技术措施之一，该技术措施是否运用得当直接关系到秋促早栽培的成败。

1. 新梢短截　花后40～80天短截，一般留4～6节（如保留第一次果则留6～8节）短截同时将剪口芽的叶片剪除，剪口芽饱满、呈黄白色为宜，变褐的芽不易萌发，新鲜带红的芽虽易萌发，但不易出现结果枝。

如剪口芽呈黄白色，则剪口芽不需涂抹破眠剂进行催芽处理冬芽即可整齐萌发；如剪口芽已经变褐，则剪口芽需涂抹破眠剂如石灰氮、破眠剂1号或单氰胺（空气干燥时以单氰胺效果最佳，空气湿润时以破眠剂1号效果最佳）等进行催芽处理以逼迫冬芽整齐萌发。在傍晚空气湿度较高时处理最佳，处理后24小时不下雨效果更好，处理时土壤最好能保持潮湿状态，如果土壤干燥需立即进行灌溉。

一般新梢剪口粗度大于0.8厘米时更有利于诱发大穗花序，利用葡萄低节位花芽分化早的特点，对长势中庸的发育枝，应降低修剪节位使其剪口粗度达到要求。

新梢短截时，由于各新梢的发育程度和健壮程度不完全一致，因此短截可分2 ~ 3次进行。

2. 环境调控

（1）人工补光　在温带地区设施葡萄秋促早栽培期间，由于受短日环境影响，葡萄新梢停长过早，新梢叶面积生长不足导致相当部分的叶面积未能达到正常生理标准，并且叶片早衰，光合作用效果差，妨碍果实继续膨大，严重影响果实产量和品质，所以必须进行人工补光。具体做法是：于日照时数小于13.5小时时开始启动红橙植物生长灯（中国农业科学院果树研究所与上海合鸣照明有限公司联合研发）进行补光使日光照时数达到13.5小时以上即可有效克服短日环境对葡萄生长发育造成的不良影响。一般在1 000米^{2}设施内设置50 ~ 60个植物生长灯为宜，植物生长灯位于树体上方约1米处，夜间设施内光照度在20勒克斯以上即可达到长日照标准。利用红橙植物生长灯进行补光，不仅有效避免新梢停长过早，而且可有效延缓叶片衰老（图80）。

（2）温度控制　12 ~ 18℃是诱导葡萄进入休眠的最适温度范围，如果设施内最低气温高于18℃，则秋促早栽培葡萄保持正常生长发育而不进入休眠。具体的温度调控标准是：从夜间最低温低于18℃（一般9月上旬）开始覆盖塑料薄膜使设施内夜间温度提高到18℃以上；在幼果膨大期的10月期间，设施内夜间温度则

图80 利用红橙植物生长灯补光

要连续保持在20℃左右；即使是在初冬的11月，夜间设施内温度也应维持在15℃以上，这样一方面可以避免秋促早栽培葡萄被诱导进入休眠，另一方面还可以延缓叶片衰老和落叶；果实收获时，为保证果实成熟，其设施内夜间温度至少应保持在10℃上下。采收结束后，其设施内夜间温度保持在3℃左右以便加快叶落过程。

　　3. 配套措施——延缓叶片衰老　　叶片早衰是制约秋促早栽培成功与否的关键技术措施之一。除采取上述的人工补光和温度控制技术措施外，配合喷施中国农业科学院果树研究所研发的抗衰老叶面肥，可显著延缓秋促早栽培设施葡萄叶片的衰老，与对照相比，叶片衰老黄化延缓2个月左右。另外，适当多施氮肥，加大水分供应也可延缓叶片衰老；同样做好病虫害防治对于延长叶片寿命、延缓叶片衰老也非常重要（图81）。

2015年1月8日　　　　　　2015年2月9日　　　　　　2015年3月2日
图81　叶片抗衰老技术应用效果
（中国农业科学院果树研究所研发的叶片抗衰老技术，包括补红橙光+喷抗衰老叶面肥+副梢叶利用；图中实验品种为秋黑，萌芽时间为2014年5月初）

七、环境调控

（一）光照

　　葡萄是喜光植物，对光的反应很敏感，光照充足时，枝叶生长健壮，树体的生理活动增强，营养状况改善，果实产量和品质提高，色、香、味增进。光照不足时，枝条变细，节间增长，表现徒长，叶片变黄、变薄，光合效率低，果实着色差或不着色，品质变劣。中国农业科学院果树研究所研究表明：光照度弱，光

图82　光照不足时表现症状
（光照不足，叶片翻卷，严重时黄化脱落）

照时间短，光照分布不均匀，蓝、紫和紫外等短波光线比例低，是设施葡萄促早栽培光环境的典型特点，必须采取措施改善设施内的光照条件（图82）。

①从设施本身考虑，提高透光率。建造方位适宜、采光结构合理的设施，同时应尽量减少遮光骨架材料，采用透光性能好、透光率衰减速度慢的透明覆盖材料（醋酸乙烯-乙烯共聚棚膜EVA和PO棚膜综合性能最佳）并经常清扫（图83）。

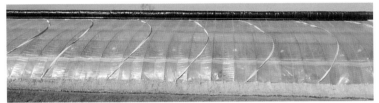

图83　在棚膜外加帆布条
（帆布条随风飘动，具有经常清扫棚膜的作用）

②从环境调控角度考虑，延长光照时间，增加光照度，改善光质。正确揭盖草苫和保温被等保温覆盖材料，并使用卷帘机等机械设备以尽量延长光照时间；挂铺反光膜或将墙体涂为白色（冬季寒冷的东北、西北等地区考虑到保温要求墙体需涂黑）以增

加散射光；人工补光以增加光照度并改善光质（中国农业科学院果树研究所研究表明：在设施葡萄促早栽培中，蓝光显著促进果实成熟并提高果实含糖量，紫外光显著增大果粒并使香气更加浓郁，红蓝光对改善果实品质效果不明显）；覆盖转光棚膜改善光质等措施可有效改善设施内的光照条件。

③从栽培技术角度考虑，改善光照。植株定植时采用采光效果良好的行向；合理密植，并采用高光效树形和叶幕形；采用高效肥水利用技术，提高叶片质量，增强叶片光合效能；合理恰当的修剪可显著改善植株光照条件，提高植株光合效能（图84）。

铺反光膜

卷帘机卷放保温被

墙体涂白

安装蓝色植物生长灯

图84　改善光照的技术措施

（二）温度

栽培设施为其中的葡萄生长创造了先于露地生长的温度条件，

设施内温度调节的适宜与否，严重影响栽培的其他环节。

1. 气温调控

（1）调控标准

①休眠解除期。休眠解除期的温度调控适宜与否和休眠解除日期的早晚密切相关，如温度调控适宜则休眠解除日期提前，如温度调控欠妥当则休眠解除日期延后。调控标准：尽量使温度控制在0～9℃。从扣棚降温开始到休眠解除所需日期因品种差异很大，一般为25～60天。

②催芽期。催芽期升温快慢与葡萄花序发育和开花坐果等密切相关，升温过快，导致气温和地温不能协调一致，严重影响葡萄花序发育及开花坐果。调控标准：缓慢升温，使气温和地温协调一致。第一周白天15～20℃，夜间5～10℃；第二周白天15～20℃，夜间7～10℃；第三周至萌芽白天20～25℃，夜间10～15℃。从升温至萌芽一般控制在25～30天。特例：如设施葡萄的需冷量没有满足（破眠剂处理没有满足品种需冷量的2/3）就开始升温，为避免由于需冷量不足造成萌芽不整齐问题的发生，则需将温度调高，增加有效热量累积，一般情况下白天气温控制在30～35℃，待60%～80%冬芽萌发再将温度调至正常，即白天气温控制在20～25℃，夜间10～15℃。

③新梢生长期。日平均温度与葡萄开花早晚及花器发育、花粉萌发和授粉受精及坐果等密切相关。调控标准：白天20～25℃；夜间10～15℃，不低于10℃。从萌芽到开花一般需40～60天。

④花期。低于14℃时影响开花，引起授粉受精不良，子房大量脱落；35℃以上的持续高温会产生严重日烧。此期温度管理的重点是：避免夜间低温，其次还要注意避免白天高温的发生。调控标准：白天22～26℃；夜间15～20℃，不低于14℃。花期一般维持7～15天。花期欧亚种设施葡萄耐高温能力强于欧美杂种设施葡萄。

⑤浆果发育期。温度不宜低于20℃，积温因素对浆果发育

速率影响最为显著，如果热量累积缓慢，浆果糖分累积及成熟过程变慢，果实采收期推迟。调控标准：白天25～28℃；夜间20～22℃，不宜低于20℃。

⑥着色成熟期。适宜温度为28～32℃，低于14℃时果实不能正常成熟；昼夜温差对养分积累有很大的影响，温差大时，浆果含糖量高、品质好，温差大于10℃以上时，浆果含糖量显著提高。此期调控标准：白天28～32℃；夜间14～16℃，不低于14℃；昼夜温差10℃以上。

（2）调控技术

①保温技术。优化棚室结构，强化棚室保温设计（日光温室方位南偏西5°～10°；墙体采用异质复合墙体。内墙采用蓄热载热能力强的建材如石头和红砖等，并可采取穸形结构或蜂窝墙体增加内墙面积以增加蓄热面积，同时将内墙涂为黑色以增加墙体的吸热能力；中间层采用保温能力强的建材如泡沫塑料板；外墙为砖墙或采用土墙等）；选用保温性能良好的保温覆盖材料并正确揭盖、多层覆盖；挖防寒沟；人工加温（图85）。

煤炉加温

热风炉加温

火道加温

图85　人工加温

②降温技术。通风降温，注意通风降温顺序为先放顶风，再

放底风，最后打开北墙通风窗（孔）进行降温；喷水降温，注意喷水降温必须结合通风降温，防止空气湿度过大；遮阳降温，这种降温方法只能在催芽期使用（图86）。

图86　高温口烧

2. **地温调控**　设施内的地温调控技术主要是指提高地温技术，使地温和气温协调一致。葡萄设施栽培，尤其是早熟促成栽培中，设施内地温上升慢，气温上升快，地温与气温不协调，造成发芽迟缓，花期延长，花序发育不良，严重影响葡萄坐果率和果粒的第一次膨大生长。另外，地温变幅大，会严重影响根系的活动和功能发挥（图87）。

图87　边行地温过低植株生长异常

（1）起垄栽培结合地膜覆盖　该措施切实有效。

（2）建造地下火炕或地热管和地热线　该项措施对于提高地温最为有效，但成本过高，目前我国基本没有应用。

（3）在人工集中预冷过程中合理控温。

（4）生物增温器　利用秸秆发酵释放热量提高地温。

（5）挖防寒沟　防止温室内土壤热量传导到温室外。

（6）将温室建造为半地下式。

（三）湿度

空气湿度也是影响葡萄生育的重要因素之一。相对湿度过高，会使葡萄的蒸腾作用受到抑制，并且不利于根系对矿质营养的吸收和体内养分的输送。持续的高湿度环境易使葡萄徒长，影响开花结实，并且易发多种病害；同时使棚膜上凝结大量水滴，造成光照度下降。而相对湿度持续过低不仅影响葡萄的授粉受精，而且影响葡萄的产量和品质。设施栽培由于避开了自然降水，为人工调控土壤及空气湿度创造了方便条件。

1. 调控标准

（1）催芽期 土壤水分和空气湿度不足，不仅延迟葡萄萌芽，还会导致花器发育不良，小型花和畸形花增多；而土壤水分充足和空气湿度适宜，则葡萄萌芽整齐一致，小型花和畸形花减少，花粉生活力提高。调控标准：空气相对湿度要求在90％以上，土壤相对湿度要求在70％～80％。

（2）新梢生长期 土壤水分和空气湿度不足，严重影响葡萄新梢正常生长，同时影响花序发育；而土壤水分充足和空气湿度过高，则葡萄新梢生长过旺，并且容易诱发多种病害。调控标准：空气相对湿度要求在60％左右，土壤相对湿度要求在70％左右为宜。

（3）花期 土壤和空气湿度过高或过低均不利于开花坐果。土壤湿度过高，新梢生长过旺，往往会造成营养生长与生殖生长的养分竞争，不利于花芽分化和开花坐果，导致坐果率下降；同时树体郁闭，容易导致病害蔓延。土壤湿度过低，新梢生长缓慢或停长，光合速率下降，严重影响授粉受精和坐果。空气湿度过高，导致花药开裂慢、花粉散不出去、花粉破裂和病害蔓延。空气湿度过低，柱头易干燥，有效授粉寿命缩短，进而影响授粉受精和坐果。调控标准：空气相对湿度要求在50％左右，土壤相对湿度要求在65％左右为宜。

（4）浆果发育期 浆果的生长发育与水分关系也十分密切。在浆果快速生长期，充足的水分供应，可促进果实的细胞分裂和膨大，有利于产量的提高。调控标准：空气相对湿度要求在60％～70％，土壤相对湿度要求在70％左右为宜。

（5）着色成熟期　过量的水分供应往往会导致浆果的晚熟、糖分积累缓慢、含酸量高、着色不良，造成果实品质下降。因此，在浆果成熟期适当控制水分的供应，可促进浆果的成熟和品质的提高，但控水过度也可使糖度下降并影响果粒增大，而且控水越重，浆果越小，最终导致减产。调控标准：空气相对湿度要求在50%～60%，土壤相对湿度要求在55%～65%为宜。

2. 调控技术

（1）降低空气湿度

①通风换气。是经济有效的降湿措施，尤其是室外湿度较低的情况下，通风换气可以有效排除室内的水汽，使室内空气湿度显著降低。

②全园覆盖地膜。土壤表面覆盖地膜可显著减少土壤表面的水分蒸发，有效降低室内空气湿度（图88、图89）。

图88　全园覆盖地膜

图89　膜下灌溉

③改革灌溉制度。改传统漫灌为膜下滴、微灌或膜下灌溉。

④升温降湿。冬季结合采暖需要进行室内加温，可有效降低室内相对湿度。

⑤防止塑料薄膜等透明覆盖材料结露。为避免结露，应采用无滴消雾膜或在透明覆盖材料内侧定期喷涂防滴剂，同时在构造上，需保证透明覆盖材料内侧的凝结水能够有序流到前底角处。

（2）增加空气湿度　喷水增湿。

（3）土壤湿度调控　主要采用控制浇水的次数和每次灌水量来解决。

（四）二氧化碳

设施条件下，由于保温需要，常使葡萄处于密闭环境，通风换气受到限制，造成设施内二氧化碳浓度过低，影响光合作用。研究表明，当设施内二氧化碳浓度达室外浓度（340微克/克）的3倍时，光合速率提高2倍以上，而且在弱光条件下效果明显。而天气晴朗时，从上午9时开始，设施内二氧化碳浓度明显低于设施外，使葡萄处于二氧化碳饥饿状态，因此，二氧化碳施肥技术对于葡萄设施栽培而言非常重要。

1. 二氧化碳施用

（1）增施有机肥　在我国目前条件下，补充二氧化碳比较现实的方法是土壤中增施有机肥，而且增施有机肥同时还可改良土壤、培肥地力。

（2）施用固体二氧化碳气肥　由于对土壤和使用方法要求较严格，所以该法目前应用较少（图90）。

（3）燃烧法　燃烧煤、焦炭、液化气或天然气等产生二氧化碳，该法使用不当容易造成一氧化碳中毒。

（4）施用干冰或液态二氧化碳　该法使用简便，便于控制，费用也较低，适合附近有二氧化碳副产品供应的地区使用。

（5）合理通风换气　在通风降温的同时，使设施内外二氧化碳浓度达到平衡。

（6）化学反应法　利用化学反应法产生二氧化碳，操作简单、价格较低，适合广大农村的情况，易于推广。目前应用的方法有：盐酸—石灰石法、硝酸—石灰石法和碳铵—硫酸法，其中碳铵—硫酸法成本低、

燃烧法

化学反应法 固体二氧化碳气肥

图90 二氧化碳施用

易掌握，在产生二氧化碳的同时，还能将不宜在设施中直接施用的碳铵转化为比较稳定的可直接用作追肥的硫酸铵，是现在应用较广的一种方法，但使用硫酸等具有一定危险性。

（7）二氧化碳生物发生器法 利用生物菌剂促进秸秆发酵释放二氧化碳气体，提高设施内的二氧化碳浓度。该方法简单有效，不仅释放二氧化碳气体，而且增加土壤有机质含量，并且提高地温。具体操作是：在行间开挖宽30～50厘米、深30～50厘米、长度与树行长度相同的沟槽，然后将玉米秸、麦秸或杂草等填入，同时喷洒促进秸秆发酵的生物菌剂，最后秸秆上面填埋10厘米厚的园土，园土填埋时注意两头及中间每隔2～3米留置一个宽20厘米左右的通气孔为生物菌剂提供氧气通道，促进秸秆发酵发热，园土填埋完后，从两头通气孔浇透水。

2. 二氧化碳施用时注意事项 于叶幕形成后开始进行二氧化碳施肥，一直到棚膜揭除后为止。一般在天气晴朗、温度适宜的天气条件下于上午日出1～2小时后开始施用，每天至少保证连续施用2小时以上，全天施用或单独上午施用，并应在通风换气之前30分钟停止施用较为经济；阴雨天不能施用。施用浓度以1 000～1 500微升/升为宜。

（五）有毒（害）气体

1. 氨气（NH$_3$）

（1）来源

①施入未经腐熟的有机肥。未经腐熟的有机肥是葡萄栽培设施内氨气的主要来源，主要包括鲜鸡禽粪、鲜猪粪、鲜马粪和未发酵的饼肥等。这些未经腐熟的有机肥经高温发酵后产生大量氨气，由于栽培设施相对密闭，氨气逐渐积累。

②施肥不当。大量施入碳酸氢铵化肥也会产生氨气。

（2）毒害浓度和症状

①毒害浓度。当浓度达5～10毫克/升时氨气就会对葡萄产生毒害作用。

②毒害症状。氨气首先危害葡萄的幼嫩组织如花、幼果和幼叶等。氨气从气孔侵入，受毒害的组织先变褐色，后变白色，严重时枯死萎蔫。

（3）氨气积累的判断　检测设施内是否有氨气积累可采用pH试纸法。具体操作是：在日出之前（放风前）把塑料棚膜等透明覆盖材料上的水珠滴加在pH试纸上，呈碱性反应就说明有氨气积累。

（4）减轻或避免氨气积累的方法　设施内施用充分腐熟的有机肥，禁用未腐熟的有机肥；禁用碳酸氢铵化肥；在温度允许的情况下，开启风口通风。

2. 一氧化碳（CO）

（1）来源　加温燃料的未充分燃烧。我国葡萄设施栽培中加温温室所占比例很小，但在冬季严寒的北方地区进行的超早期促早栽培，常常需要加温以保持较高的温度；另外利用塑料大棚进行的春促早栽培，如遇到突然寒流降温天气，也需要人工加温以防冻害。

（2）防止危害　主要是指防止一氧化碳对生产者的危害。

3. 二氧化氮（NO₂）

（1）来源　主要来源是氮素肥料的不合理施用。土壤中连续大量施入氮肥，使亚硝酸向硝酸的转化过程受阻，而铵向亚硝酸的转化却正常进行，从而导致土壤中亚硝酸的积累，挥发后造成二氧化氮的危害。

（2）毒害症状　二氧化氮主要从叶片的气孔随气体交换而侵入叶肉组织，首先使气孔附近细胞受害，然后毒害叶片的海绵组织和栅栏组织，进而使叶绿体结构破坏，最终导致叶片呈褐色，出现灰白斑。一般葡萄的毒害浓度为2～3毫克/升，浓度过高时葡萄叶片的叶脉也会变白，甚至全株死亡。

（3）防止危害的方法

①合理追施氮肥，不要连续大量地施用氮素化肥。

②及时通风换气。

③若确定亚硝酸气体存在并发生危害时，设施内土壤施入适量石灰可明显减轻二氧化氮气体的危害。

（六）设施环境的监测与智能调控

目前在设施果树生产中，设施内温、湿度和光照等环境因子主要采取人工措施进行调控，不仅费用高而且调控的随意性强，常常出现由于调控不及时造成坐果及果实发育不良和日烧等问题的发生，严重影响了设施果树产业的集约化和规模化及标准化发展。为此，中国农业科学院果树研究所与清华大学等单位联合开展了设施果树环境监测与智能管控系统与设备的研发，以促进设施果树的集约化、规模化和标准化发展。

本系统通过温、湿度和光照等环境因子传感器对设施内环境因子实施监测，并根据设定的环境因子关键值对设施环境进行调控，实现设施果树生产环境因子调控的智能化管理，本系统可通过网络实现不同品种和生育期环境因子关键值的远程设置及控制；同时本系统还可配合安装视频采集系统实现设施果树生产管理全过程的远程监督及查看（图91）。

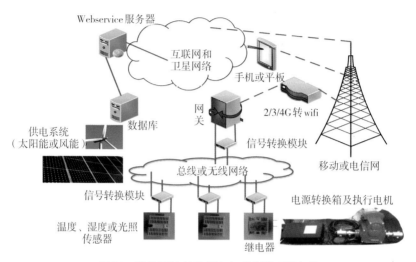

图91　设施环境的监测与智能调控系统架构

八、花果管理

（一）花穗整形

1. 花穗整形的作用

（1）控制果穗大小，利于果穗标准化　一般葡萄花穗有1 000 ～ 1 500个小花，正常生产仅需50 ～ 100个小花结果，通过花穗整形，可以控制果穗大小，符合标准化栽培的要求。如日本商品果穗要求450 ～ 500克/穗。

（2）提高坐果率，增大果粒　通过花穗整形有利于花期营养集中，提高保留花朵的坐果率，有利于增大果实。

（3）调节花期一致性　通过花穗整形可使开花期相对一致，对于采用无核化或膨大处理，有利于掌握处理时间，提高无核率。

（4）调节果穗的形状　通过花穗整形，可按人为要求调节果穗形状，整成不同形状的果穗，如利用副穗，把主穗疏除大部分，形成情侣果穗。

（5）减少疏果工作量　葡萄花穗整形，疏除小穗，操作比较容易，一般疏花穗后疏果量较少或不需要疏果。

2. 花穗整形的操作（图92）

花穗留穗尖圆锥形整形

花穗留中间圆柱形整形

花穗未整形（对照）

图92　花穗整形

（1）无核栽培模式花穗整形

①花穗整形的时期。开花前1周到花初开为最适宜时期。

②花穗整形的方法。

a.巨峰系品种。如巨峰、藤稔、夏黑、先锋、巨玫瑰、醉金香等品种，在我国南方地区一般留穗尖3.0～3.5厘米，8～10段小穗，50～55个花蕾，400～500克/穗；在我国北方地区一般留穗尖4.5～6.0厘米，12～18段小穗，60～100个花蕾，500～700克/穗。

b.二倍体品种。如魏可和87-1等品种在我国南方地区 一般留穗尖4.0～5.0厘米，在我国北方地区一般留穗尖5.5～6.5厘米。

c.幼树、坐果不稳定者。适当轻剪穗尖（去除5个花蕾左右）。

（2）有核栽培模式花穗整形 巨峰、白罗莎里奥、美人指等品种间有核栽培的花穗管理差异较大。四倍体巨峰系品种总体结实性较差，不进行花穗整理容易出现果穗不整齐现象。二倍体品种坐果率高，但容易出现穗大、粒小、含糖量低、成熟度不一致等现象。

①巨峰系品种。

a.花穗整形的时期。一般在小穗分离，小穗间可以放入手指，大概开花前1～2周到花初开时期进行。过早，不易区分保留部分；过迟，影响坐果。栽培面积较大的情况，先去除副穗和上部部分小穗，到时保留所需的花穗。

b.花穗整形的方法。副穗及以下8～10小穗去除，保留15～20小穗，去穗尖；花穗很大（花芽分化良好）时保留下部15～20小穗，不去穗尖。开花前5.0～6.5厘米为宜，果实成熟时果穗呈圆球形（或圆筒形），400～700克/穗。

②二倍体品种。

a.花穗整形的时期。花穗上部小穗和副穗花蕾有开花时到花盛开时结束，对于坐果率高的品种可于花后整穗。

b.花穗整形的方法。为了增大果实，用赤霉酸（GA_3）处理的，可利用花穗下部16～18段小穗（开花时6.0～7.0厘米）穗尖基本不去除（或去除几个花蕾至5毫米）；常规栽培（不用GA_3），花穗留先端18～20段小穗，8.0～10.0厘米，穗尖去除1.0厘米。

（二）疏穗与疏粒

1.疏穗

（1）疏穗的基本原则　根据树的负担能力和目标产量决定。树体的负担能力与树龄、树势、地力、施肥量等有关；如果树体的负担能力较强，可以适当地多留一些果穗；而对于弱树、幼树、老树等负担能力较弱的树体，应少留果穗。树体的目标产量则与品种特性和当地的综合生产水平有关，如果品种的丰产性能好，当地的栽培技术水平也较高，则可以适当地多留果穗；反之，则应少留果穗。

（2）疏穗的时期　一般情况下疏穗越早越好，可以减少养分的浪费，以便更集中养分供应果粒的生长。但是每一果穗的着生部位、新梢的生长情况、树势、环境条件等都对除穗的时期有所影响。对于生长势较强的树种来说，花前的除穗可以适当轻一些，花后的程度可以适当重一些。对于生长势较弱的品种花前的除穗可以适当重一些。

（3）合理负载量的确定　从果实品质和产量综合考虑，产量控制在1 500～2 000千克/亩为宜，如产量过高，必将影响果实品质。葡萄单位面积的产量＝单位面积的果穗重×果穗数，而果穗重＝果粒数×果粒重。因此，根据目标（计划）产量和品种特性就可以确定单位面积的留果穗数。品种的特性决定了该品种的粒重，可以依据市场上对果穗要求的大小和所定的目标产量准确地确定单位面积的留果穗数。中国农业科学院果树研究所研究表明：在单穗重500克左右、新梢长度大于1.2米的条件下，综合考虑果实品质和产量，梢果比以（1～1.5）∶1为宜，除去着粒过稀（密）的果穗，选留着粒适中的果穗（图93、图94）。

2.疏粒
疏粒是将每一穗的果粒调整到一定要求的一项作业，其目的在于促使果粒大小均匀、整齐、美观，果穗松紧适中，防止落粒，便于贮运，以提高其商品价值。

图93 不同果实负载量（梢果比）的果穗表现

（1）疏粒的基本原则 果粒大小除了受到本身品种特性的影响外，还受到开花前后子房细胞分裂和在果实生长过程中细胞膨大的影响。要使每一品种的果粒大小特性得到充分发挥，必须确保每一果粒中的营养供应充足，

图94 负载量过大，成熟推迟且着色不良

也就是说果穗周围的叶片数要充分。另外，果粒与果粒之间要留有适当的发展空间，这就要求栽培者必须根据品种特性进行适当的疏粒。每一穗的果穗重、果粒数以及平均果粒重都有一定的要求。巨峰葡萄如果每果粒重要求在12克左右，而每一穗果实重300 ~ 350克，则每一穗的果粒数要求在25 ~ 30粒。

（2）疏粒的时期 对大多数品种在结实稳定后越早进行疏粒越好，增大果粒的效果也越明显。但对于树势过强且落花、落果严重的品种，疏粒时期可适当推后；对有种子果实来说，由于种子的存在对果粒大小影响较大，最好等落花后能区分出果粒是否含有种子时再进行为宜，如巨峰、藤稔要求在盛花后15 ~ 25天完成这一项作业。

（3）疏粒的操作　不同的品种疏粒的方法有所不同，主要分为除去小穗梗和除去果粒两种方法，对于过密的果穗要适当除去部分支梗，以保证果粒增长的适当空间，对于每一支梗中所选留的果粒数也不可过多，通常果穗上部可适当多一些，下部适当少一些，虽然每一个品种都有其适宜的疏粒方法，但只要掌握了留支梗的数目和疏粒后的穗轴长短，一般不会出现太大问题（图95）。

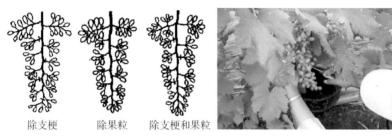

除支梗　　　　　除果粒　　　　除支梗和果粒

图95　疏果粒

（三）果实套袋

套袋能显著改善果实的外观品质，疏粒完成后即可套袋。

1. 纸袋的选择　葡萄专用袋的纸张应具有较大的强度，耐风吹雨淋、不易破碎，较好的透气性和透光性，避免袋内温、湿度过高。不要使用未经国家注册的纸袋。纸袋规格，巨峰系品种及中穗形品种一般选用22厘米×33厘米和25厘米×35厘米规格的果袋，而红地球等大穗品种一般选用28厘米×36厘米规格的果袋。此外，还需根据品种选择果袋，如巨峰、红地球等红色或紫色品种一般选择白色果袋，如促进果实成熟及钙元素的吸收，可选用蓝色或紫色果袋；而意大利、醉金香等绿色或黄色品种一般选择红色、橙色或黄色、绿色等果袋；根据不同地区的生态条件选择果袋，如在昼夜温差过大地区和土壤黏重地区，红地球等存在着色过深问题，可采取选择红色、橙色或黄色、绿色等果袋解决；如在气温过高容易发生日烧的地区可选用绿色果袋或打伞栽培。

2. 套袋操作

（1）套袋时间　套袋时间过早不仅无法区分大、小粒，不利于疏粒工作的进行，往往导致套袋后果穗容易出现大、小粒问题；而且由于幼果果粒没有形成很好的角质层，高温时容易灼伤，加重气灼或日烧现象的发生；同时由于果袋内湿度大，果粒蒸腾速率大大降低，严重影响了果实对钙元素的吸收，降低了果品的耐贮性。套袋时间过晚，果粒已开始进入着色期，糖分开始积累，极易被病菌侵染。一般在葡萄开花后20～30天即生理落果后果实玉米粒大小时进行；如为了促进果粒对钙元素的吸收，提高果实耐贮运性，可将套袋时间推迟到种子发育期进行，但注意加强病害防治。同时要避开雨后高温天气或阴雨连绵后突然放晴的天气进行套袋，一般要经过2～3天，待果实稍微适应高温环境后再套袋。另外，套袋时间最好在上午10时前，下午4时后，避开中午高温时间，阴天可全天套袋。

（2）套袋方法　在套袋之前，果园应全面喷布一遍杀菌剂，重点喷布果穗，蘸穗效果更佳，待药液晾干后再行套袋。先将袋口端6～7厘米浸入水中，使其湿润柔软，便于收缩袋口。套袋时，先用手将纸袋撑开，使纸袋鼓起，然后由下往上将整个果穗全部套入袋中央处。再将袋口收缩到果梗的一侧（禁止在果梗上绑扎纸袋）。穗梗上，用一侧的封口丝扎紧。一定在镀锌钢丝以上要留有1.0～1.5厘米的纸袋，套袋时严禁用手揉搓果穗（图96）。

着色品种套白袋

打伞栽培

绿黄色品种套黄袋

中国农业科学院果树研究所研发的葡萄专用果袋

图96　葡萄的果实套袋

3. 摘袋操作　葡萄套袋后可以不摘袋，带袋采收，如摘袋，则摘袋时间应根据品种、果穗着色情况以及果袋种类而定，可通过分批摘袋的方式来达到分期采收的目的。对于无色品种及果实容易着色的品种如巨峰等可以在采收前不摘袋，在采收时摘袋，但这样成熟期有所延迟，如巨峰品种成熟期延迟10天左右。红色品种如红地球一般在果实采收前15天左右进行摘袋，果实着色至成熟期昼夜温差较大的地区，可适当延迟摘袋时间或不摘袋，防止果实着色过度，达紫红或紫黑色，降低商品价值；在昼夜温差较小的地区，可适当提前进行摘袋，防止摘袋过晚果实着色不良。摘袋时首先将袋底打开，经过5～7天锻炼，再将袋全部摘除较好。去袋时间宜在晴天的上午10时以前或下午4时以后进行，阴天可全天进行。

葡萄摘袋后一般不必再喷药，但注意防止金龟子等害虫为害和鸟害，并密切观察果实着色进展情况，在果实着色前，剪除果穗附近的部分已经老化的叶片和架面上密枝蔓，可以改善架面的通风透光条件，减少病虫为害，促进浆果着色。注意摘叶不要与摘袋同时进行，也不要一次性完成，应当分期分批进行，防止发生日灼。

4. 配套措施

（1）套袋栽培的肥水管理　套袋栽培后，由于果袋内空气湿度总是大于外界环境，套袋葡萄果粒蒸腾速率降低，导致矿质元素尤其是钙素从根系运输到果穗的量明显减少，严重时会引起某些缺钙生理病害，降低耐贮运性。因此，与无袋栽培相比，套袋栽培应加强叶面喷肥管理，一般套袋前每7～10天喷施一次含氨基酸钙的氨基酸4号叶面肥（中国农业科学院果树研究所研制），共喷施3～4次；套袋后每隔10～15天交替喷施一次含氨基酸钾的氨基酸5号叶面肥（中国农业科学院果树研究所研制）和含氨基酸钙的氨基酸4号叶面肥，以促进果实发育和减轻裂果现象的发生，增加果实的耐贮性。

（2）套袋栽培的病虫害防治　与无袋栽培相比，套袋后可以不再喷布针对果实病虫害的药剂，重点是防治好叶片病虫害如黑痘病、炭疽病和霜霉病等。同时对易入袋为害的害虫如康氏粉蚧等要密切观察，严重时可以解袋喷药。

（四）植物生长调节剂的合理使用

1. 赤霉素（GA_3、九二〇）　赤霉素是一类二萜类化合物，已知的至少有38种，葡萄应用的主要是赤霉酸（GA_3）。1957年美国加利福尼亚大学戴维斯分校的Robert J. Weaver等发现了GA促进无核白葡萄果粒膨大的作用，迅速在加利福尼亚州产区得到应用，到1962年GA处理果穗促进无核白果实膨大已成为加利福尼亚州产区的常规技术大规模应用。1958年，日本山梨县果树试验场岸光夫先生在用赤霉素处理促进玫瑰露果粒膨大的实验中，发现了其诱导无核的效果，成为全球葡萄产业界的一次重大发现。赤霉酸是应用最早、最广泛的一种赤霉素，在欧美、日本和中国等广泛应用，以后又推出了赤霉素GA_{4+7}，已作为梨树果实的膨大剂先后在日本和中国使用。赤霉酸在葡萄的应用有：拉长果穗；诱导无核；保果；促进果粒膨大。

（1）赤霉素的施用　国内关于赤霉酸的应用有不少研究。

①穗轴拉长。浓度一般5～7毫克/升，在展叶5～7片时浸渍花穗即可。

②诱导无核。一般用12.5 ~ 25.0毫克/升，大多数品种在初花期到盛花后3天内处理有效。无核处理时添加MS（链霉素）200毫克/升可提前或推后到花前至花后1周左右，处理适宜时间扩大、无核率更高。

③保果。一般在落花时进行，一般用12.5 ~ 25.0毫克/升水溶液浸渍或喷布果穗，此期处理容易导致无核，若单单保果，可单用或添加膨大剂氯吡脲（CPPU）3 ~ 5毫克/升保果效果更好。

④促进果粒膨大。一般在盛花后10 ~ 14天进行，浓度一般用25 ~ 50毫克/升，浸渍或喷布果穗即可，此时添加5 ~ 10毫克/升CPPU膨大效果更好。

日本关于赤霉素的应用技术研究更细致，在此简介于后，供参考。需要声明的是，日本的处理技术仅供参考，应用时一定要先行小面积试验，取得经验后再大面积使用。下表是依据日本协和发酵生物株式会社的资料整理的日本葡萄各种品种的赤霉酸应用方法（表5）。

表5　适宜赤霉酸（GA$_3$）处理的葡萄品种、方法和范围

（2011年2月2日更新登录，登录号：农林水产省登录 第6007号）

作物名	使用目的	使用浓度	使用时期	使用次数	使用方法	含GA$_3$农药总使用次数
美洲种二倍体品种无核栽培（希姆劳德除外）	诱导无核，膨大果粒	第一次：GA$_3$100毫克/升；第二次：GA$_3$75 ~ 100毫克/升	第一次：盛花前14天前后；第二次：盛花后10天前后	2次，但因降雨等需再行处理时总计不得超过4次	第一次：花穗浸渍；第二次：果穗浸渍或果穗喷布	2次，但因降雨等需再行处理时总计不得超过4次
希姆劳德（西姆劳特）	膨大果粒	GA$_3$100毫克/升	坐果后	1次，但因降雨等需再行处理时总计不得超过2次	果穗浸渍	1次，但因降雨等需再行处理时总计不得超过2次

113

（续）

作物名	使用目的	使用浓度	使用时期	使用次数	使用方法	含GA₃农药总使用次数
玫瑰露无核栽培	诱导无核，膨大果粒	第一次：GA₃100毫克/升，第二次：GA₃75～100毫克/升	第一次：盛化前14大左右；第二次：盛花后10天左右	2次，但因降雨等再行处理时总计不得超过4次	第一次：花穗浸渍；第二次：果穗浸渍或果穗喷布	2次，但因降雨等需再行处理时总计不得超过4次
			第一次：盛花前14～18天前后；第二次：盛花后10天前后		第一次：花穗浸渍（加用1～5毫克/升CPPU）；第二次：果穗浸渍或果穗喷布	
二倍体美洲种葡萄有核栽培（康拜尔早生除外）	膨大果粒	GA₃50毫克/升	盛花后10～15天	1次，但因降雨等需再行处理时总计不超过2次	果穗浸渍	1次，但因降雨等需再行处理时总计不得超过2次
康拜尔早生（有核栽培）	拉长果穗	GA₃3～5毫克/升	盛花前20～30天（展叶3～5片）	1次	花穗喷布	2次以内，但因降雨等需再行处理时总计不超过3次
二倍体欧亚种葡萄无核栽培（阳光玫瑰除外）	诱导无核，大果粒	第一次：GA₃25毫克/升；第二次：GA₃25毫克/升	第一次：盛花至盛花后3天；第二次：盛花后10～15天	2次，但因降雨等需再行处理时总计不超过4次	第一次：花穗浸渍；第二次：果穗浸渍	2次，但因降雨等需再行处理时总计不超过4次

（续）

作物名	使用目的	使用浓度	使用时期	使用次数	使用方法	含GA₃农药总使用次数
阳光玫瑰（无核栽培）	诱导无核，膨大果粒	GA₃25毫克/升+CPPU10毫克/升	盛花后3～5天（落花期）	1次，但因降雨等需再行处理时总计不超过2次	花穗浸渍	2次，但因降雨等需再行处理时总计不超过4次
二倍体欧亚种葡萄有核栽培	膨大果粒	GA₃25毫克/升	盛花后10～20天	1次，但因降雨等需再行处理时总计不超过2次	果穗浸渍	1次，但因降雨等需再行处理时总计不超过2次
三倍体品种（金玫瑰露、无核蜜除外）	保果，膨大果粒	第一次：GA₃25～50毫克/升；第二次：GA₃25～50毫克/升	第一次：盛花至盛花后3天；第二次：盛花后10～15天	2次，但因降雨等需再行处理时总计不超过4次	第一次：花穗浸渍；第二次：果穗浸渍	2次，但因降雨等需再行处理时总计不超过4次
金玫瑰露	保果，膨大果粒	第一次：GA₃50毫克/升；第二次：GA₃50～100毫克/升	第一次：盛花至盛花后3天；第二次：盛花后10～15天	2次	第一次：花穗浸渍；第二次：果穗浸渍或喷布	2次
无核蜜	保果，膨大果粒	GA₃100毫克/升	盛花后3～6天	1次，但因降雨等需再行处理时总计不超过2次	花穗或果穗浸渍	1次，但因降雨等需再行处理时总计不超过2次
巨峰系四倍体品种无核栽培（阳光胭脂除外）	诱导无核，膨大果粒	第一次：GA₃12.5～25.0毫克/升；第二次：GA₃25毫克/升	第一次：盛花至盛花后3天；第二次：盛花后10～15天	2次，但因降雨等需再行处理时总计不超过4次	第一次：花穗浸渍；第二次：果穗浸渍	3次以内，但因降雨等需再行处理时总计不超过5次

（续）

作物名	使用目的	使用浓度	使用时期	使用次数	使用方法	含GA₃农药总使用次数
巨峰系四倍体品种无核栽培（阳光胭脂除外）	诱导无核，膨大果粒	GA₃ 25毫克/升+CPPU 10毫克/升	盛花后3～5天（落花期）	1次，但因降雨等需再行处理时总计不超过2次	花穗浸渍	3次以内，但因降雨等需再行处理时总计不超过5次
	诱导无核	GA₃ 12.5～25.0毫克/升	盛花至盛花后3天	1次，但因降雨等需再行处理时总计不超过2次	花穗浸渍（盛花后10～15天，使用CPPU促进果粒膨大）	
	拉长果穗	GA₃ 3～5毫克/升	展叶3～5片时	1次	花穗喷布	
阳光胭脂无核栽培	无核诱导，膨大果粒	第一次：GA₃ 12.5～25.0毫克/升；第二次：GA₃ 25毫克/升	第一次：盛花至盛花后3天；第二次：盛花后10～15天	2次，但因降雨等需再行处理时总计不超过4次	第一次：花穗浸渍；第二次：果穗浸渍	3次，但因降雨等需再行处理时总计不超过5次
		GA₃ 25毫克/升+CPPU 10毫克/升	盛花后3～5天（落花期）	1次，但因降雨等需再行处理时总计不超过2次	花穗浸渍	
	诱导无核	GA₃ 12.5～25.0毫克/升	盛花至盛花后3天	1次，但因降雨等需再行处理时总计不超过2次	花穗浸渍（盛花后10～15天，使用CPPU促进果粒膨大）	
	果穗拉长	GA₃ 3～5毫克/升	展叶3～5片时	1次	花穗喷布	

（续）

作物名	使用目的	使用浓度	使用时期	使用次数	使用方法	含GA_3农药总使用次数
阳光胭脂无核栽培	减少果粒密度，促进果粒膨大	第一次：$GA_3$25毫克/刀+ CPPU 3毫克/升；第二次：$GA_3$25毫克/升	第一次：盛花前20～14天；第二次：盛花后10～15天	2次，但因降雨等需再行处理时总计不超过4次	第一次：花穗浸渍；第二次：果穗浸渍	3次，但因降雨等需再行处理时总计不超过5次
巨峰、浪漫宝石有核栽培	膨大果粒	$GA_3$25毫克/升	盛花后10～20天	1次，但因降雨等需再行处理时总计不超过2次	果穗浸渍	1次，但因降雨等需再行处理时总计不超过2次
高尾	膨大果粒	$GA_3$50～100毫克/升	盛花至盛花后7天	1次，但因降雨等需再行处理时总计不超过2次	花穗浸渍果穗浸渍	
东雫	膨大果粒	第一次：$GA_3$25～50毫克/升 第二次：$GA_3$50毫克/升	第一次：盛花期 第二次：盛花后4～13天	2次，但因降雨等需再行处理时总计不超过4次	果穗浸渍	2次，但因降雨等需再行处理时总计不超过4次
福雫	膨大果粒	$GA_3$50～100毫克/升	盛花至盛花后7天	1次，但因降雨等需再行处理时总计不超过2次	花穗浸渍果穗浸渍	1次，但因降雨等需再行处理时总计不超过2次

（2）赤霉素施用的注意事项。

①不同的葡萄品种对GA_3的敏感性不同，使用前要仔细核对品种的适用浓度、剂量和物候期，并咨询有关专家和机构。

②对GA_3处理表中没有的葡萄品种可参照相近品种类型（欧亚种、美洲种、欧美杂交种）进行处理，但要咨询有关专家或专业机构使用。

③树势过弱及母枝成熟不好的树，GA_3使用效果差，避免使用。

树势稍强的树效果好，但树势过于强旺时，反而效果变差，要加强管理，维持健壮中庸偏强的树势。

④使用GA₃处理保果的同时会促进果粒膨大，着果过密，会诱发裂果、果粒硬化、落粒，为此，需在处理前整穗，坐果后疏粒。

⑤使用的GA₃浓度搞错会发生落花或过度着粒、有核果混入等，要严守使用浓度和使用时期（物候期）。

⑥诱导无核结实的处理，要注意药液匀布花蕾的全体。

⑦促进果粒膨大处理要避免过度施药，浸渍药液后要轻轻晃动葡萄枝梢及棚架上的铁丝，晃落多余的药液。

⑧对美洲种葡萄品种诱导无核结实和促进果粒膨大时，第二次须用100毫克/升浸渍处理。若第二次用喷布处理时，浓度为75～100毫克/升，但喷布处理的膨大效果略差，要在健壮的树上进行，注意药液的均匀喷布。

⑨GA₃和SM（链霉素）混用，可提高无核化率，但须严守SM的使用注意事项。

⑩诱导玫瑰露等无核结实时要在花前14天前后处理，容易引起落花、落果，需添加CPPU混用。

⑪巨峰系四倍体葡萄果穗拉长时，必须只喷花穗，并喷至濡湿全体花穗为度，此时，大量的药液濡湿枝叶，翌年新梢发育不良，忌用动力喷雾机等喷施叶梢的大型喷药机械。

⑫巨峰和浪漫宝石的有核栽培中，以促进果粒膨大为目的时，过早处理会产生无核果粒，要在确认坐果后再处理。

⑬药液要当天配当天用，并避光阴凉处存放；不能与波尔多液等碱性溶液混合使用。

2. 氯吡脲（CPPU、吡效隆、KT-30） 细胞分裂素类化合物很多，目前在葡萄生产上用最多的是氯吡脲（CPPU、吡效隆、KT-30）。氯吡脲是东京大学药学部的首藤教授等发明、协和发酵生物株式会社开发的植物生长调节剂，具有强力的细胞分裂素活性，1980年取得专利，并取了"KT-30"的试验品名，开始在日本范围的实验，1988年3月用0.10%浓度的乙醇液剂申请登录，1989年3月登录成功，开始在葡萄、猕猴桃、厚皮甜瓜、西瓜和南瓜上应用，由于活性高，微量应用就能发挥作用，在作物器官和组织中的残留量极低，对生物毒性低，对环境影响小。

（1）氯吡脲的施用　CPPU在葡萄上主要用于保果和促进果粒膨大，一般保果的浓度为3～5毫克/升水溶液，在盛花期至落花期浸渍或喷布花、果穗。促进果粒膨大一般在盛花后10～14天使用，用5～10毫克/升水溶液浸渍或喷布果穗即可。日本作为CPPU的发明国，关于CPPU的使用技术有详细的研究，根据日本协和发酵株式会社公布的资料将各类品种上CPPU的使用方法辑录于表6，供参考。

表6　葡萄品种使用CPPU的方法

（2011年2月2日更新登录，登录号：日本农林水产省登录 第17247号）

品种	使用目的	使用浓度	使用时期	使用次数	使用方法	含CPPU农药的总使用次数
二倍体美洲种品种无核栽培	保果	2～5毫克/升	盛花期前约14天	1次但受降雨影响补施时，控制在2次以内	加在GA$_3$溶液中浸渍花穗（第二次GA$_3$处理按常规方法）	2次以内，受降雨等影响，补施时需控制在合计4次以内
	膨大果粒	5～10毫克/升	盛花后约10天		加在GA$_3$溶液中浸渍果穗（第一次GA$_3$处理按常规方法）	
玫瑰露无核栽培（露地栽培）	膨大果粒	3～5毫克/升	盛花后约10天		加在GA$_3$溶液中浸渍果穗（第一次GA$_3$处理按常规方法）	
	膨大果粒	3～10毫克/升	盛花后约10天		加在GA$_3$溶液中喷布果穗（第一次GA$_3$处理按常规方法）	
	扩大赤霉素处理适宜期	1～5毫克/升	盛花前18～14天		加在GA$_3$溶液中浸渍花穗（第二次GA$_3$处理按常规方法）	
	保果	2～5毫克/升	始花期至盛花期		花穗浸渍	
		5毫克/升			花穗喷施	
玫瑰露无核栽培（设施栽培）	膨大果粒	3～5毫克/升	盛花后10天左右		加在GA$_3$溶液中浸渍果穗（第一次GA$_3$处理按常规方法）	

（续）

品种	使用目的	使用浓度	使用时期	使用次数	使用方法	含CPPU农药的总使用次数
玫瑰露无核栽培（设施栽培）		3～10毫克/升	盛花后10天左右		加在GA₃溶液中喷布果穗（第一次GA₃处理按常规方法）	
	扩大赤霉素处理适宜时期	1～5毫克/升	花前18～14天		加在GA₃溶液中浸渍花穗（第二次GA₃处理按常规方法）	
	保果	5～10毫克/升	初花至盛花		花穗浸渍	
二倍体欧洲系品种无核栽培（除阳光玫瑰外）	保果	2～5毫克/升	开花初期至盛花前或盛花期至盛花后3天	1次，但受降雨影响补施时，控制在2次以内	初花至盛花处理时浸渍花穗（GA₃第一次处理和第二次处理照常规进行）　盛花至盛花后3天处理时，加在GA₃溶液中浸渍花穗，GA₃的第二次处理照常规进行	2次以内，受降雨等影响，补施时需控制在合计4次以内
	膨大果粒	5～10毫克/升	盛花后10～15天		加在GA₃溶液中浸渍果穗（第一次GA₃处理按常规方法）	
	促进花穗发育	1～2毫克/升	展6～8片叶时		喷施花穗	
阳光玫瑰无核栽培	保果	2～5毫克/升	初花至盛花或盛花至盛花后3天		初花至盛花浸渍花穗，GA₃第一、二次处理照常　盛花至盛花后3天处理时，加在GA₃液中浸渍花穗，GA₃第二次处理照常规处理	

（续）

品种	使用目的	使用浓度	使用时期	使用次数	使用方法	含CPPU农药的总使用次数
阳光玫瑰无核栽培	膨大果粒	5～10毫克/升	盛花后10～15天		加在GA₃溶液中浸渍果穗（第一次GA₃处理按常规方法）	
	诱导无核化膨大果粒	10毫克/升	盛花后3～5天（落花期）		加在GA₃溶液中浸渍花穗	
	促进花穗发育	1～2毫克/升	展叶6～8片时		喷施花穗	
三倍体品种无核栽培	保果	CPPU 2～5毫克/升	初花至盛花或盛花至盛花后3天	1次，但受降雨影响补施时，控制在2次以内	初花至盛花浸渍花穗，GA₃第一、二次处理照常 盛花至盛花后3天处理时，加在GA₃液中浸渍花穗，GA₃第二次处理照常	2次以内，受降雨等影响，补施时需控制在合计4次以内
	膨大果粒	5～10毫克/升	盛花后10～15天		加在GA₃溶液中浸渍果穗（第一次GA₃处理按常规方法）	
巨峰系四倍体品种无核栽培（除阳光胭脂外）	保果	2～5毫克/升	初花至盛花或盛花至盛花后3天		初花至盛花浸渍花穗，GA₃第一、二次处理照常规 盛花至盛花后3天处理时，加在GA₃液中浸渍花穗，GA₃第二次处理照常规	
	膨大果粒	5～10毫克/升	盛花后10～15天		加在GA₃溶液中或CPPU液单独浸渍果穗（盛花至盛花后3天的GA₃诱导无核处理照常规）	

（续）

品种	使用目的	使用浓度	使用时期	使用次数	使用方法	含CPPU农药的总使用次数
巨峰系四倍体品种无核栽培（除阳光胭脂外）	诱导无核化膨大果粒	10毫克/升	盛花后3~5天（落花期）	1次，但受降雨影响补施时，控制在2次以内	加在GA₃液中浸渍花穗	2次以内，受降雨等影响，补施时需控制在合计4次以内
	促进花穗发育	1~2毫克/升	展叶6~8片时		喷施花穗	
阳光胭脂无核栽培	保果	2~5毫克/升	初花至盛花或盛花至盛花后3天		初花至盛花浸渍花穗，GA₃第一、二次处理照常　盛花至盛花后3天处理时，加在GA₃液中浸渍花穗，GA₃第二次处理照常	
	膨大果粒	5~10毫克/升	盛花后10~15天		加在GA₃溶液中或CPPU液单独浸渍果穗（盛花至盛花后3天的GA₃诱导无核处理照常）	
	无核化膨大果粒	10毫克/升	盛花后3~5天（落花期）		加入GA₃液中浸渍花穗	
	降低着粒密度膨大果粒	3毫克/升	盛花前14~20天		加入GA₃液浸渍花穗（GA₃第二次处理照常规）	
	促进花穗发育	1~2毫克/升	展叶6~8片时		花穗喷施	

（续）

品种	使用目的	使用浓度	使用时期	使用次数	使用方法	含CPPU农药的总使用次数
二倍体美洲系品种（有核栽培）	膨大果粒	5～10毫克/升	盛花后15～20天	1次，但受降雨影响补施时，控制在2次以内	浸渍果穗	1次，但受降雨等影响，补施时总次数不应超过2次
二倍体欧洲系品种有核栽培（除亚历山大）	促进花穗发育	1～2毫克/升	展叶6～8片时		花穗喷施	2次以内，但受降雨等影响，补施时总次数不应超过4次
巨峰系四倍体品种（有核栽培）	膨大果粒	5～10毫克/升	盛花后15～20天		浸渍果穗	1次，但受降雨等影响，补施时总次数不应超过2次
亚历山大（有核栽培）	保果	2～5毫克/升	盛花期		浸渍花穗	2次以内，但受降雨等影响，补施时总次数不应超过4次
	促进花穗发育	1～2毫克/升	展叶6～8片时		喷施花穗	
东雹	膨大果粒	5毫克/升	盛花后4～13天		加在GA$_3$溶液中浸渍果穗（第一次GA$_3$处理按常规方法）	1次，但受降雨等影响，补施时总次数不应超过2次
高尾		5～10毫克/升	盛花至盛花后7天		加在GA$_3$溶液中浸渍花穗或果穗	

（2）氯吡脲施用的注意事项

①当日配置，当天使用，过期效果会降低。

②降雨会降低使用效果，雨天禁用，持续异常高温、多雨、干燥等气候条件禁用。

③注意品种特性。不同品种对CPPU的敏感性不同，应依据上表正确使用；尚未列入前表的品种，可参照品种类型（欧亚种、美洲种、欧美杂交种）使用，初次使用时请咨询有关机构或小规模试验后使用。

④使用CPPU后会诱发着粒过多，导致裂果、上色迟缓、果粒着色不良、糖分积累不足、果梗硬化、脱粒等副作用，使用时要履行开花前的疏穗、坐果后的疏粒及负载量的调整等。

⑤使用时期和使用浓度出错，有可能导致有核果粒增加，果点木栓化，上色迟缓，色调暗等现象，要严格遵守使用时期、使用浓度。

⑥避开降雨、异常干燥（干热风）时使用。

⑦处理后的天气骤变（降雨、异常干燥等）影响CPPU的吸收，在含CPPU的农药的总使用次数的控制范围内，可再行补充处理，处理时应咨询有关部门或专家进行。

⑧树势强健的可以取得稳定的效果，应维持较强的树势，树势弱得，效果差，应避免使用。

⑨避免和GA_3以外的药剂混用，与GA_3混用时也要留意GA_3使用注意事项，并注意正确混配。

注意激素或植物生长调节剂的使用受环境影响很大，因此各地在使用前首先试验，试验成功后方可大面积推广应用。在使用激素或植物生长调节剂时还要切忌滥用或过量使用（表6，图97、图98）。

图97　巨峰葡萄花期遇连续阴雨天，植物生长调节剂处理保果效果
（左1和左2保果处理，右1和右2对照处理）

（五）功能性果品生产

1.有益元素的保健功能

（1）硒元素的保健功能　硒是人体生命之源，素有"生命元素"之美称。硒元素具有抗氧化、增强免疫系统功能，促进人类发育成长等多种生物学功能。它能杀灭各种超级微生物，刺激免疫球蛋白及抗体产生，增强机体对疾病的抵抗能力，中止危险病毒的蔓延；它能帮助甲状腺激素的活动，减缓血凝结，减少血液凝块，维持心脏正常运转，使心律不齐恢复正常；它能增强肝脏活性，加速排毒，预防心血管疾病，改善心理和精神失常特别是低血糖；它能预防传染病，减少由自身免疫疾

图98　植物生长调节剂使用过量造成穗轴木质化

病引发的炎症，如类风湿性关节炎和红斑狼疮等；硒还参与肝功能与肌肉代谢，能增强创伤组织的再生能力，促进创伤的愈合；硒能保护视力，预防白内障发生，能够抑制眼晶体的过氧化损伤；

它具有抗氧化，延长细胞老化，防衰老的独特功能。硒与锌、铜及维生素E、维生素C、维生素A和胡萝卜素协同作用，抗氧化效力要高几百几千倍，在肌体抗氧化体系中起着特殊而重要的作用。缺硒可导致人体出现40多种疾病的发生。1979年1月国际生物化学学术讨论会上，美国生物学家指出"已有足够数据说明硒能降低癌症发病率"；据国家医疗部门调查，我国8省24个地区严重缺硒，该类地区癌症发病率呈最高值。我国几大著名的长寿地区都处在富硒带上，同时华中科技大学对百岁老人的血样调查发现：90～100岁老人的血样硒含量正常超出35岁青壮年人的血样硒含量，可见硒能使人长寿。

硒对人体的重要生理功能越来越为各国科学家所重视，各国根据本国自身的情况都制定了硒营养的推荐摄入量。美国推荐成年男女硒的每日摄入量（RDI）分别为70微克／天和55微克／天，而英国则为75微克／天和60微克／天。中国营养学会推荐的成年人摄入量为50～200微克／天。人体中硒主要从日常饮食中获得，因此，食物中硒的含量直接影响了人们日常硒的摄入量。食物硒含量受地理影响很大，土壤硒的不同造成各地食品中硒含量的极大差异。土壤含硒量在0.6毫克／千克以下，就属于贫硒土壤，我国除湖北恩施、陕西紫阳等地区外，全国72%的国土都属贫硒或缺硒土壤，其中包括华北地区的京、津、冀等省、直辖市，华东地区的苏、浙、沪等省、直辖市。这些区域的食物硒含量均不能满足人体需要，长期摄入严重缺硒食品，必然会造成硒缺乏疾病。中国营养学会对我国13个省份做过一项调查表明，成人日平均硒摄入量为26～32微克，离中国营养学会推荐的最低限度50微克相距甚远。一般植物性食品含硒量比较低。因此，开发经济、方便，适合长期食用的富硒食品已经势在必行。

（2）锌元素的保健功能　锌是动、植物和人类正常生长发育的必需营养元素，它与80多种酶的生物活性有关。大量研究证明锌在人体生长发育过程中具有极其重要的生理功能及营养作用，从生殖细胞到生长发育，从思维中心的大脑到人体的第一道防线——皮肤，都有锌的功勋，因此有人把锌誉为"生命的火花"。锌不仅是人体必需营养元素，而且是人类最易缺乏的微量营养物质之一。锌缺乏对健康的影响是多方面的，人类的许多疾病如侏儒症、糖尿病、高血压、生殖器和第二性症发育不全、男性不育等都与缺锌有关，缺锌还会使伤口愈合缓慢、引起皮肤病和视力障碍。锌缺乏在儿童中表现地尤为突出，生长发育迟缓、身材矮小、智力低下是锌缺乏患者的突出表现，此外还有严重的贫血、生殖腺功能不足、皮肤粗糙干燥、嗜睡和食土癖等症状。通常在锌缺乏的儿童中，边缘性或亚临床锌缺乏居多，有相当一部分儿童长期处于一种轻度的、潜在不易被察觉的锌营养元素缺乏状态，使其成为"亚健康儿童"。即使他们无明显的临床症状，但机体免疫力与抗病能力下降，身体发育及学习记忆能力落后于健康儿童。

锌在一般成年人体内总含量为2～3克，人体各组织器官中几乎都含有锌，人体对锌的正常需求量：成年人2.2毫克／天，孕妇3毫克／天，乳母5毫克／天以上。人体内由饮食摄取的锌，其利用率约为10%，因此，一般膳食中锌的供应量应保持在20毫克左右，儿童则每天不应少于28毫克，健康人每天需从食物中摄取15毫克的锌。从目前看，世界范围内普遍存在着饮食中锌摄入量不足，包括美国、加拿大、挪威等一些发达国家也是如此。在我国19个省进行的调查表明，60%学龄前儿童锌的日摄入量为3～6毫克。以往解决营养不良问题的主要策略是：药剂补充、强化食品以及饮食多样化。药剂补充对迅速提高营养缺乏个体的营养状况是很有用的，但花费较大，人们对其可接受性差。一般植物性食品含锌量比较低，因此，开发经济、方便，适合长期食用的富锌食品已经势在必行。

2. 功能性果品的生产技术规程　中国农业科学院果树研究所在多年研究攻关的基础上，根据葡萄等果树对硒和锌等有益元素的吸收运转规律，研发出氨基酸硒和氨基酸锌等富硒和富锌果树叶面肥并已获得国家发明专利（专利号ZL201010199145.0）且获得了生产批号［农肥（2014）准字3578号，安丘鑫海生物肥料有限公司生产]，同时建立了富硒和富锌功能性保健果品的生产配套技术。目前，富硒和富锌等功能性保健果品生产关键技术已经开始推广，富硒和富锌等功能性保健果品生产进入批量阶段。

（1）富硒葡萄生产技术规程　花前10d和2～3天各喷施一次含氨基酸硼的氨基酸2号叶面肥，以提高坐果率。

①套袋栽培模式。从盛花至果实套袋前每10天左右喷施一次600～800倍液含氨基酸硒叶面肥，共喷施4次；果实套袋后至摘袋前每10天左右喷施一次600～800倍液含氨基酸硒叶面肥，若摘袋采收共喷施2～3次，若带袋采收共喷施4次；果实摘袋后至果实采收前10天，每5～7天喷施一次600～800倍液含氨基酸硒叶面肥，共喷施1～2次。

②无袋栽培模式。从盛花至果实采收前10天结束，每10天左右喷施一次600～800倍液含氨基酸硒叶面肥，共喷施6～8次。

（2）富锌葡萄生产技术规程　花前10天和2～3天各喷施一次含氨基酸硼的氨基酸2号叶面肥，以提高坐果率。

①套袋栽培模式。从盛花至果实套袋前每10天左右喷施一次600～800倍液含氨基酸锌叶面肥，共喷施4次；果实套袋后至摘袋前每10天左右喷施一次600～800倍液含氨基酸锌叶面肥，若摘袋采收共喷施2～3次，若带袋采收共喷施4次；果实摘袋后至果实采收前10天，每5～7天喷施一次600～800倍液含氨基酸锌叶面肥，共喷施1～2次。

②无袋栽培模式。从盛花至果实采收前10天结束，每10天左右喷施一次600～800倍液含氨基酸锌叶面肥，共喷施6～8次。

3. 功能性果品生产技术的应用效果

（1）技术效果　采用功能性保健果品生产技术，不仅显著提高果实硒元素和锌元素含量 [以富硒葡萄为例：由农业部果品及苗木质量监督检验测试中心（兴城）测定表明，中国农业科学院果树研究所葡萄核心技术试验示范园和示范基地按照该生产技术规程生产的富硒葡萄果实硒元素含量（以鲜重计）分别为：威代尔（露地栽培）0.048毫克/千克、藤稔（设施栽培）0.032毫克/千克、红地球（露地栽培）0.020毫克/千克、巨峰（露地栽培）0.028毫克/千克、玫瑰香（露地栽培）0.024毫克/千克，农业部果品及苗木质量监督检验测试中心（郑州）测定表明，山东省鲜食葡萄研究所按照该生产技术规程生产的富硒葡萄果实硒元素含量（以鲜重计）分别为：金手指（设施栽培）0.045毫克/千克、摩尔多瓦（设施栽培）0.021毫克/千克和巨峰（设施栽培）0.030毫克/千克，完全符合由中国食品工业协会花卉食品专业委员会发布的中国食品行业标准《天然富硒食品硒含量分类标准》（HB001/T—2013）规定的富硒水果含量范围0.01～0.48毫克/千克，对照仅为0.000 6～0.000 9毫克/千克]；而且喷施氨基酸硒叶面肥可显著改善叶片质量，提高叶片叶绿素a、叶绿素b和叶绿素总含量，使叶绿素b/叶绿素a值显著升高，增强叶片的耐弱光能力；提高叶片净光合速率，延缓叶片衰老；增强抗病能力，提高枝条成熟度，增强植株越冬能力；显著提高葡萄主栽品种果实硒元素含量；显著改善果实品质，使果实成熟一致性增强。

（2）经济效益（以富硒为例）

①功能性果品富硒葡萄生产技术在酿酒葡萄上应用的经济效益。在酿酒葡萄（威代尔）实际生产中，喷施氨基酸硒叶面肥每亩成本增加约200元，喷施氨基酸硒叶面肥可使威代尔葡萄可溶性固形物含量净增加2.5个百分点，相当于每亩增加25千克糖（按每亩产量1 000千克），价值约200元；同时喷施氨基酸硒肥后每年减少3～5次杀菌剂的使用，每亩可减少农药投入150～250元。经核算，喷施氨基酸硒叶面肥每亩至少增值150～250元。对于酿酒厂，由于硒元素的保健功能，利用富硒酿酒葡萄原料生产的富硒葡萄酒价值远高于普通葡萄酒。

②功能性果品富硒葡萄生产技术在鲜食葡萄上应用的经济效益。在鲜食葡萄实际生产中，喷施氨基酸硒叶面肥每亩成本增加约200元，喷施氨基酸硒肥后每年减少4次杀菌剂的使用，每亩可减少农药投入至少300元；同时由于硒元素的保健功能，富硒葡萄售价远高于普通葡萄，如露地栽培富硒玫瑰香和富硒8611销售

价格分别比普通玫瑰香和8611高3元/千克和2元/千克，又如山西运城盐湖区会荣水果种植专业合作社采用中国农业科学院果树研究所研发的功能性果品富硒葡萄生产技术生产的富硒葡萄高达19～38元/千克，亩收入8万元以上。经核算，喷施氨基酸硒叶面肥鲜食葡萄每亩至少增值8000元以上。

（六）果实发育期调控

（1）利用温度调控促进果实成熟　温度是决定果树物候期进程的重要因素，温度高低不仅与开花早晚密切相关，而且与果实生长发育密切相关。在一定范围内，果实的生长和成熟与温度呈正相关，温度越高，果实生长越快，果实成熟也越早。因此，在果实发育至果实成熟期适当提高白天气温尤其是夜间气温对于促进果实成熟效果明显，一般可提前10天左右；不过，在适当提高温度促进果实成熟的同时是以降低单果重或单粒重为代价的。

（2）利用光照调控促进果实成熟　光照与果实的生长发育和成熟密切相关，改变光照度和光质可显著影响果实的生长发育和成熟。通过人工补光特别是补蓝光等措施可促进葡萄果实发育，提早成熟。覆盖紫外线透过率高的棚膜或利用紫外线灯补充紫外线，可有效抑制设施葡萄等的营养生长促进生殖生长，促进果实着色和成熟，改善果实品质；注意开启紫外线灯补充紫外线时操作人员不能入内。

（3）利用生长调节剂调控促进果实成熟　葡萄属非呼吸跃变型果实，脱落酸（ABA）是葡萄成熟的主导因子。因此，喷施适宜浓度的ABA可有效促进设施葡萄的果实成熟，一般可使葡萄果实成熟期提前10天左右。

（4）利用其他措施调控促进果实成熟　合理负载与肥水管理、强化叶面喷肥（中国农业科学院果树研究所研制）等都会促进果实成熟。环割、环剥或绞缢等修剪措施可有效促进果树发育和成熟。利用生长势弱的砧木可促进接穗品种的成熟。

九、更新修剪

在设施葡萄生产中，连年丰产不是通过任何单一技术措施能达到的，必须运用各种技术措施包括品种选择、环境调控、栽培管理、化学调控物质的应用等，并将它们综合协调，才能实现连年丰产的目的。在设施葡萄冬促早栽培生产中，对于设施内新梢不能形成良好花芽的不耐弱光葡萄品种需采取恰当的更新修剪这一核心技术措施方能实现连年丰产。主要采取的更新修剪方法有：短截更新、平茬更新和超长梢修剪更新3种更新修剪方法，其中短截更新又分为完全重短截更新和选择性短截更新两种方法。

（一）短截更新（根本措施）

1.完全重短截更新　对于果实收获期在6月10日之前不耐弱光的葡萄品种如夏黑等采取完全重短截的方法。于浆果采收后，将原新梢留1～2个饱满芽进行重短截，逼迫其基部冬芽萌发新梢，培养为翌年的结果母枝；而对于完全重短截时枝条和芽已经成熟变褐的品种如夏黑、粉红亚都蜜等需对所留的饱满芽用4～10倍液石灰氮或葡萄专用破眠剂——破眠剂1号（中国农业科学院果树研究所研制）涂抹以促进其萌发（图99）。

图99　完全重短截更新修剪
（左图更新修剪时剪口芽未变褐不需涂抹破眠剂，
右图更新修剪时剪口芽变褐需涂抹破眠剂促芽萌发）

　　2. **选择性短截更新**　对于果实收获期在6月10日之后不耐弱
光的葡萄品种如红地球等采取选择性短截的方法。采用此法更新
需配合相应树形和叶幕形，尤以倾斜龙干形配合V+1形叶幕为宜，
非更新梢倾斜绑缚呈V形叶幕，更新预备梢采取直立绑缚呈"1"
字形叶幕。如果采取其他树形和叶幕形，更新修剪后所萌发更新
梢处于劣势位置，生长细弱，不易成花。该方法系中国农业科学
院果树研究所（国家葡萄产业技术体系栽培研究室建设依托单位）
首创，有效解决了果实收获期在6月10日之后且棚内梢不能形成
良好花芽的葡萄品种的连年丰产问题。在覆膜期间新梢管理时，
首先将直立绑缚呈1字形叶幕的新梢留6～8片叶摘心，培养为更
新预备梢。短截更新时（一般于5月10日前进行短截更新），将培
养的更新预备梢留4～6个饱满芽进行短截，逼迫顶端冬芽萌发新
梢，培养为翌年的结果母枝；对于短截时剪口芽已经成熟变褐的
葡萄品种需对剪口芽用4～10倍液石灰氮或破眠剂1号涂抹以促
进其萌发；其余倾斜绑缚呈V形叶幕的结果梢在浆果采收后从基
部疏除（图100）。

　　3. **短截更新注意事项**　短截时间越早，短截部位越低，冬芽
萌发越快，萌发新梢生长越迅速，花芽分化越好。一般情况下完

全重短截更新修剪时间最晚不迟于6月10日，选择性短截更新修剪时间最晚不迟于5月10日。短截更新修剪时间的确定原则是：棚膜揭除时更新修剪冬芽萌发新梢长度不能超过20厘米并且保证冬芽副梢能够正常成熟。短截更新修剪所形成新梢的结果

图100　选择性短截更新修剪
（留4～6个饱满芽短截）

能力与母枝粗度关系密切，一般短截剪口直径在0.8厘米以上的新梢冬芽所萌发的新梢结果能力强。

（二）平茬更新

　　浆果采收后，保留老枝叶1周左右，使葡萄根系积累一定的营养，然后从距地面10～30厘米处平茬，促使葡萄母蔓上的隐芽萌发，然后选留一健壮新梢培养为翌年的结果母枝。该更新方法适合高密度定植采取地面枝组形单蔓整枝的设施葡萄园，平茬更新时间最晚不晚于6月初，越早越好，过晚，更新枝生长时间短，不充实，花芽分化不良，花芽不饱满，严重影响翌年产量。因此，对于果实收获期过晚的葡萄品种不能采取该方法进行更新修剪。利用该法进行更新修剪对植株影响较大，树体衰弱快（图101）。

图101　平茬更新

（三）超长梢修剪更新（补救措施）

在设施葡萄冬促早栽培中，对于不耐弱光的葡萄品种错过时间未来得及进行更新修剪的，只有冬剪时采取超长梢修剪的方法方能实现连年丰产。揭除棚膜后，根据树形要求在预备培养为翌年结果母枝的新梢顶端选择夏芽（冬芽）萌发的1～2个健壮副梢于露天条件下延长生长，将其培养为翌年的结果母枝，待其长至10片叶左右时留8～10片叶摘心。晚秋落叶后，将培养好的结果母枝扣棚期间生长的下半部分压倒盘蔓，而对于其揭除棚膜后生长的上半部分采取长梢修剪。待萌芽后，再选择结果母枝棚内生长的下半部分，靠近主蔓处萌发的新梢培养为预备梢继续进行更新管理，管理方法同上年，待落叶冬剪时将培养的结果母枝前面的已经结过果的枝组部分进行回缩修剪，回缩至培养的结果母枝处，防止种植若干年后棚内布满枝蔓，影响正常的管理，以后每年重复上述管理进行更新管理。该更新修剪方法不受果实成熟期的限制，但管理较繁琐（图102）。

图102　超长梢更新

（四）更新修剪配套措施

1. 对于完全重短截更新或平茬更新的植株　采取完全重短

截或平茬更新需及时结合进行开沟断根处理，开沟的同时将切断的葡萄根系拣出扔掉，防止根系腐烂产生有毒物质导致重茬现象（冬芽萌发新梢黄化和植株早衰）。开沟断根位置离主干30厘米左右，开沟深度30～40厘米，开沟后及时增施有机肥和以氮肥为主的葡萄全营养配方肥——幼树1号肥（中国农业科学院果树研究所研制），以调节地上、地下平衡，补充树体营养。待新梢长至20厘米左右时开始叶面喷肥，一般每7～10天喷施一次600～800倍液的含氨基酸的氨基酸1号叶面肥；待新梢长至80厘米左右时施用一次以磷、钾肥为主的葡萄全营养配方肥——幼树2号肥（中国农业科学院果树研究所研制），叶面肥改为含氨基酸硼的氨基酸2号叶面肥和含氨基酸钾的氨基酸5号叶面肥，每10天左右交替喷施一次，喷施浓度600～800倍液。

图103　开沟断根施肥

（开沟位置离主干30厘米左右，深度30～40厘米）

2. 对于超长梢修剪更新或选择性短截更新的植株　一般于新梢长至20厘米左右时开始强化叶面喷肥，配方以含氨基酸的氨基酸1号叶面肥、含氨基酸硼的氨基酸2号叶面肥、含氨基酸钙的氨基酸4号叶面肥和含氨基酸钾的氨基酸5号叶面肥为宜；待果实采收后及时施用一次充分腐熟的牛、羊粪等农家肥或商品有机肥作为基肥，并混加葡萄全营养配方肥——结果树5号肥（中国农业科学院果树研究所研制），以促进更新梢的花芽分化和发育。

3. 叶片保护　叶片好坏直接影响到翌年结果母枝的质量，因此叶片保护工作对于培育优良结果母枝而言至关重要，主要通过

图104　叶片光氧化

强化叶面喷肥提高叶片质量和病虫害防治保护好叶片达到目的。

其次棚膜揭除的方法对于叶片保护而言同样非常重要。对于非耐弱光品种，更新修剪后待萌发新梢长至20厘米之前需及时揭除棚膜，不能太晚，否则会对叶片造成光氧化直至伤害（图104）；对于耐弱光品种，果实采收后不需揭除棚膜，只需加大放风口防止设施内温度过高即可，否则如果揭除棚膜将造成叶片严重的光伤害，进而影响花芽的进一步分化。

十、病虫害综合防治

（一）病虫害防治点

1. **休眠解除至催芽期** 落叶后，清理田间落叶和修剪下的枝条，集中焚烧或深埋或粉碎发酵为堆肥还田，并喷施一次200～300倍液80%的必备或1：0.7：100倍液波尔多液等；发芽前剥除老树皮，于绒球期喷施3～5波美度石硫合剂，而对于上一年病害发生严重的葡萄园，首先喷施美胺后再喷施3～5波美度石硫合剂。

2. **新梢生长期**（图105）

（1）二至三叶期 为防治红蜘蛛（白蜘蛛）、毛毡病、绿盲蝽、白粉病、黑痘病的非常重要的防治时期。发芽前后干旱，红蜘蛛（白蜘蛛）、毛毡病、绿盲蝽和白粉病是防治重点；空气湿度大，黑痘病、炭疽病和霜霉病是防治重点。

（2）花序展露期 为防治炭疽病、黑痘病和斑衣蜡蝉的非常重要的防治点。花序展露期空气干燥，斑衣蜡蝉、红蜘蛛（白蜘蛛）、毛毡病、绿盲蝽和白粉病是防治重点；空气湿度大，黑痘病、炭疽病和霜霉病是防治重点。

（3）花序分离期　为防治灰霉病、黑痘病、炭疽病、霜霉病和穗轴褐枯病的重要防治点，是开花前最为重要的防治点。此期还是叶面喷肥防治硼、锌、铁等元素缺素症的关键时期。

（4）开花前2～4天　为灰霉病、黑痘病、炭疽病、霜霉病和穗轴褐枯病等病害防治的关键时期。

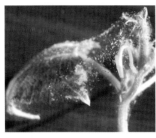

二斑叶螨（白蜘蛛）

毛毡病

绿盲蝽

斑衣蜡蝉

白粉病

黑痘病

灰霉病

霜霉病

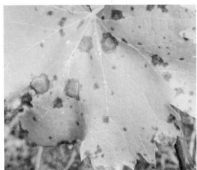

炭疽病

穗轴褐枯病

白腐病

图105　新梢生长期主要病虫害

3. 落花后至果实发育期

（1）落花后　是防治黑痘病、炭疽病和白腐病的防治的关键时期。如设施内空气湿度过大，也是霜霉病和灰霉病的防治点，巨峰系品种要注意链格孢菌对果实表皮细胞的伤害；如果空气干燥，是白粉病、红蜘蛛（白蜘蛛）和毛毡病的防治点。

（2）果实发育期　要注意霜霉病、炭疽病、黑痘病、白腐病、斑衣蜡蝉和叶蝉等的防治，此期还是防治缺钙等元素缺素症的关键时期。

（二）常用药剂

1. 防治虫害的常用药剂　防治红蜘蛛（白蜘蛛）和毛毡病等使用杀螨剂如阿维菌素（齐螨素）、苦参碱、哒螨酮、四螨嗪、炔螨特、三唑锡、浏阳霉素、噻螨酮（尼索朗）、螺虫螨酯、硫悬浮剂和螺虫乙酯等；防治绿盲蝽和斑衣蜡蝉等使用杀虫剂如苦参碱、天然除虫菊素、烟碱、吡虫啉、灭多威、螺虫乙酯、氯氰菊酯和毒死蜱等。

2. 防治病害的常用药剂

（1）防治白粉病　常用甲氧基丙烯酸酯类（如嘧菌酯、醚菌酯和吡唑醚菌酯）、烯唑醇、哈茨木霉菌、硫悬浮剂、苯醚甲环唑、氟硅唑、氟菌唑、福美双、戊唑醇、戴唑霉、丙环唑、三唑酮、枯草芽孢杆菌等药剂。

（2）防治黑痘病　常用波尔多液、水胆矾石膏、甲氧基丙烯酸酯类（如嘧菌酯）、代森锰锌、烯唑醇、苯醚甲环唑、氟硅唑、戴唑霉、戊唑醇、多菌灵等药剂。

（3）防治炭疽病　常用波尔多液、代森锰锌、嘧菌酯、水胆矾石膏、苯醚甲环唑、季铵盐类、甲氧基丙烯酸酯类（如吡唑醚菌酯、嘧菌酯）、抑霉唑、戴唑霉、丙环唑、哈茨木霉菌、戊唑醇、福美双等杀菌剂。

（4）防治霜霉病　常用波尔多液、甲氧基丙烯酸酯类、水胆矾石膏、代森锰锌、嘧菌酯、烯酰吗啉、吡唑醚菌酯、甲霜灵、哈茨木霉菌和霜脲氰等杀菌剂。

（5）防治灰霉病　常用波尔多液、福美双、嘧菌酯、嘧霉胺、戴唑霉、异菌脲、腐霉利、哈茨木霉菌、多菌灵、多抗霉素、丙环唑和甲氧基丙烯酸酯类等药剂。

（6）防治白腐病　常用波尔多液、代森锰锌、甲氧基丙烯酸酯类、烯唑醇、嘧菌酯、苯醚甲环唑、戊唑醇、戴唑霉和氟硅唑等药剂。

（7）防治酸腐病　先摘袋，剪除烂果（烂果不能随意丢在田间，应使用袋子或桶收集到一起，带出田外，挖坑深埋），用80%水胆矾石膏400倍＋2.5%联苯菊酯1 500倍（＋灭蝇胺5 000倍）混合液，涮果穗或浸果穗。药液干燥后重新套袋（用新袋）。对于葡萄品种混杂的果园，在成熟早的葡萄品种的转色期：用80%水胆矾石膏400倍＋2.5%联苯菊酯1 500倍＋灭蝇胺5 000倍混合液整树喷洒，并配合地面使用熏蒸性杀虫剂。

3. 防治缺素症等生理病害的常用叶面肥　常用氨基酸螯合态或络合态的硼、锌、铁、锰、钙等防治缺素症效果较好的叶面肥防治缺素引起的生理病害。

（三）农艺措施

加强肥水管理，复壮树势，提高树体抗病力，是病害防治的根本措施；加强环境控制，降低空气湿度，是病害防治的有效措施。

陈青云，李成华，2009.农业设施学[M].北京：中国农业大学出版社.

丛深，王海波，刘凤之，2013.葡萄芽自然休眠诱导和解除期间呼吸代谢研究[D].北京：中国农业科学院.

高东升，王海波，2005.果树保护地栽培新技术[M].北京：中国农业出版社.

贺普超，1999.葡萄学[M].北京：中国农业出版社.

胡繁荣，2008.设施园艺[M].上海：上海交通大学出版社.

贾克功，李淑君，任华中，1999.果树日光温室栽培[M].北京：中国农业大学出版社.

孔庆山，2004.中国葡萄志[M].北京：中国农业科学技术出版社.

马承伟，2008.农业设施设计与建造[M].北京：中国农业出版社.

马国瑞，石伟勇，2002.果树营养失调症原色图谱[M].北京：中国农业出版社.

穆天民，2004.保护地设施学[M].北京：中国林业出版社.

王海波，王孝娣，刘凤之，等，2007.落叶果树无休眠栽培的原理与技术体系[J].果树学报（2）：210-214.

王海波，王宝亮，刘凤之，等，2008.葡萄促早栽培连年丰产关键技术[J].

中外葡萄与葡萄酒（5）：25-28.

王海波，程存刚，刘凤之，2007.打破落叶果树芽休眠的措施[J].中国果树（2）：55-57.

王海波，刘凤之，王孝娣，等，2007.中国果树设施栽培的八项关键技术[J].温室园艺（2）：48-51.

王海波，刘凤之，王宝亮，等，2009.落叶果树的需冷量和需热量[J].中国果树（2）：50-53.

王海波，刘凤之，王孝娣，等，2009.设施葡萄高光效、省力化树形和叶幕形[J].果农之友（10）：36-38.

王海波，马宝军，刘凤之，等，2009a.葡萄设施栽培的环境调控标准和调控技术[J].中外葡萄与葡萄酒（5）：35-39.

王海波，马宝军，刘凤之，等，2009b.葡萄设施栽培的温湿度调控标准和调控技术[J].温室园艺（3）：19-20.

王海波，王宝亮，刘凤之，等，2009a.中国设施葡萄常用品种的需冷量研究[J].中外葡萄与葡萄酒（11）：20-25.

王海波，王宝亮，刘凤之，等.2009b.葡萄设施栽培高光效省力化树形和叶幕形[J].温室园艺（1）：36-39.

王海波，王孝娣，刘凤之，等.2009a.中国设施葡萄产业现状及发展对策[J].中外葡萄与葡萄酒（9）：61-65.

王海波，王孝娣，刘凤之，等.2009b.中国果树设施栽培的现状、问题及发展对策[J].温室园艺（8）：39-42.

王海波，王孝娣，刘凤之，等.2010.设施葡萄促早栽培光照调控技术[J].中外葡萄与葡萄酒（3）：33-37.

王帅，王海波，刘凤之，2015.设施葡萄延迟栽培叶片衰老生理及抗衰老技术研究[D].北京：中国农业科学院.

王世平，张才喜，等，2005.葡萄设施栽培[M].上海：上海教育出版社.

谢计蒙，王海波，刘凤之，2012.设施葡萄促早栽培适宜品种的评价与筛选[D].北京：中国农业科学院.

张乃明，2006.设施农业理论与实践[M].北京：化学工业出版社.

张占军，赵晓玲，2009.果树设施栽培学[M].杨凌：西北农林科技大学出

版社.

张克坤，王海波，刘凤之，2016.设施葡萄果实品质发育及调控技术研究
　　[D].北京：中国农业科学院.

赵君全，王海波，刘凤之，2014.设施葡萄花芽分化规律及其影响因子研
　　究[D].北京：中国农业科学院.